Die „Monographien zum Pflanzenschutz"

behandeln in einzelnen Heften tierische und pflanzliche Schädlinge, nicht-parasitäre Krankheiten und allgemeine Fragen der Pflanzenschutzforschung. Ihre Entstehung geht von der Tatsache aus, daß der Raum der Handbücher bei dem heutigen Umfange der Forschung für eine ausreichende Behandlung gerade der wichtigsten Gegenstände zu eng geworden ist, während die Einzeltatsachen so zahlreich und in der Zeitschriftenliteratur so weit zerstreut sind, daß es unmöglich ist, sie bei Bedarf in kurzer Zeit herauszufinden.

Daher sollen die „Monographien" die notwendige Sammelarbeit in Abhandlungen leisten, die von Spezialforschern nach einheitlichem Plane ausgeführt sind. Sie sollen sowohl erschöpfende Auskunft auf besondere Fragen geben, wie auch als Grundlage für die weitere Forschungsarbeit dienen, indem sie die bisherigen Kenntnisse nach der Gesamtliteratur wiedergeben und etwaige Lücken in ihnen aufzeigen.

Aus diesen Richtlinien ergibt es sich von selbst, daß die Darstellung neben der biologischen Beschreibung auch die unmittelbar praktischen Fragen der Vorbeugung und Bekämpfung von Schäden in gleich gründlicher Weise berücksichtigen wird. Die Monographien wenden sich daher nicht nur an die beruflich im Pflanzenschutzdienst und im Unterricht Tätigen, sondern auch an die weiteren Kreise der Praktiker und wollen damit der wissenschaftlichen Forschung ebenso wie der praktischen Förderung des Pflanzenschutzes dienen.

Herausgeber und Verlag.

Monographien zum Pflanzenschutz

Herausgegeben von Professor Dr. H. Morstatt · Berlin-Dahlem

4

Die Aphelenchen der Kulturpflanzen

Von

Dr. H. Goffart

Biologische Reichsanstalt für Land-
und Forstwirtschaft Berlin-Dahlem

Mit 42 Abbildungen im Text
und einer mehrfarbigen Tafel

Berlin

Verlag von Julius Springer

1930

ISBN-13:978-3-642-89090-1   e-ISBN-13:978-3-642-90946-7
DOI: 10.1007/978-3-642-90946-7

Vorwort.

„Die Nematoden gehören nicht zu den Naturgegenständen, welche durch auffallende Regelmäßigkeit des Baus, Schönheit der Form oder Farbenglanz zur Untersuchung einladen; ihre scheinbare Einförmigkeit hat vielmehr etwas Abschreckendes.“ Mit diesen Worten, die SCHNEIDER seiner Monographie der Nematoden voranstellt, sucht er die damalige Einstellung der wissenschaftlichen Welt gegenüber diesen Organismen zu rechtfertigen. Den Nematoden kommt jedoch im Haushalt der Natur eine weit größere Rolle zu, als man ihnen zunächst zugestehen wollte. Insbesondere lenkten die parasitischen Formen, die den Menschen oder ein höheres Tier zum Wirte haben und diesen oftmals gefährlich werden können, schon bald das Interesse weiterer Kreise auf sich. Mit dem Fortschreiten der Wissenschaft wurden auch in niederen Tieren und zahlreichen Pflanzen, insbesondere den Kulturpflanzen, parasitische Nematoden festgestellt. Manche von diesen letzteren, wie die Erreger der Rübenmüdigkeit und der Stockkrankheit, sind weiteren Kreisen bekannt geworden. Weniger bekannt ist dagegen die Gruppe der Aphelenchen, deren praktische Bedeutung erst in den letzten zwanzig Jahren infolge mehrfach auftretender starker Schädigungen erkannt worden ist.

In der vorliegenden Monographie habe ich mir die Bearbeitung dieser Nematodengruppe, soweit sie an Pflanzen vorkommt, zum Ziel gesetzt. Der Begriff der „Schädlichkeit“ ist dabei sehr weit gezogen worden. Außer den eigentlichen pflanzenschädlichen Aphelenchen, die vorwiegend berücksichtigt wurden, sind auch die als „Halbparasiten“ bezeichneten Aphelenchen mit einbezogen worden, die vielfach gemeinsam mit den „echten“ Parasiten auftreten und sich von ihnen nicht scharf trennen lassen. Das Buch bezweckt somit einmal, dem wissenschaftlich tätigen Zoologen eine zusammenfassende Darstellung der an und in Pflanzen lebenden Aphelenchen zu geben; ferner den in der Praxis, insbesondere im Gartenbau oder in überseeischen Ländern Tätigen und wissenschaftlich Interessierten mit den Parasiten bekannt zu machen, um ihn zu befähigen, eintretende Schädigungen durch entsprechende Maßnahmen zu verhindern. Schließlich wird jeder, der mit Pflanzenschutz in irgendeiner Form sich beschäftigt, nicht umhinkönnen, den meist zu wenig beachteten Aphelenchen sein Augenmerk zuzuwenden, wenn es sich um die Frage einer notwendig werdenden Bekämpfung handelt, die auch heute noch selbst dem Fachmann oft ungeahnte Schwierigkeiten bereitet.

Sollte das Buch, das nicht nur eine Zusammenstellung bereits bekannter Tatsachen darstellt, sondern darüber hinaus noch eine Reihe eigener bisher unveröffentlichter Erfahrungen und Versuche enthält, zur Kenntnis dieser Nematodengruppe und ihrer Bedeutung für das Wirtschaftsleben beitragen, sowie zu ihrem weiteren Studium anregen, so hätte es seinen Zweck erfüllt.

Dezember 1929.

Der Verfasser.

Inhaltsverzeichnis.

Einleitung. Historischer Überblick.

Die Aphelenchen stellen eine Nematodengruppe vor, deren Vertreter
zumeist Erdbewohner sind und sich entweder von faulenden Stoffen ernähren oder als mehr oder weniger harmlose Parasiten an und in Pflanzen
leben. Bei diesen letzteren, die vielfach in die beiden Gruppen der
„echten" (obligaten) und „Halb-" (fakultativen) Parasiten getrennt werden, ist zu beachten, daß einmal Übergänge zu den in faulenden Sub-
stanzen lebenden Nematoden bestehen, andererseits Halbparasiten aktiv
in lebendes Gewebe eindringen und sich dort vermehren können, während wiederum das Fehlen eines Krankheitsbildes an der Pflanze noch
kein Beweis gegen die Pathogenität der in ihr lebenden Aphelenchen ist.
Wenn im folgenden dennoch eine gewisse Trennung in obligate und
fakultative Parasiten vorgenommen wird, so geschieht dies aus reinen
Zweckmäßigkeitsgründen: um dem Praktiker zu zeigen, welche Aphelenchen für ihn in erster Reihe als Schädlinge in Frage kommen und welche
als Parasiten auftreten können, ohne daß die Pflanze zumeist eine sichtbare Schädigung davonträgt.

Die verschiedenartige Lebensweise der Halbparasiten führte dazu,
daß man auf sie eher aufmerksam wurde als auf die echten Parasiten,
die infolge ihrer mehr versteckten Lebensweise der Beobachtung zunächst noch entgingen. Schon BASTIAN, der die Gattung Aphelenchus
1865 aufstellte, beschreibt in seiner Monographie vier Arten, von denen
er drei an oder in gesunden Pflanzen fand. Es sind dies *A. avenae* und
zwei als *A. villosus* und *A. parietinus* beschriebene Formen, die mit der
vierten von BASTIAN in faulenden Birnen gefundenen Art, *A. pyri*, später
zu einer Art unter dem Namen *A. parietinus* vereinigt wurden. 1 Jahr
nach der BASTIANschen Arbeit erschien dann von SCHNEIDER die Monographie der Nematoden, die unsere Kenntnis von dem allgemeinen Bau
und der Lebensweise dieser Lebewesen stark umgestaltete und vermehrte. Bald setzte eine rege Untersuchung der Nematoden, insbesondere der freilebenden Formen, ein, die an die Namen BÜTSCHLI, DE MAN
und vor allem COBB gebunden ist. Der letztgenannte untersuchte die
für Pflanzen in Betracht kommenden Erdnematoden und hat in den
40 Jahren seiner Forschertätigkeit wertvolle Beiträge zur Kenntnis der
Nematoden und ihrer Bedeutung für das Wirtschaftsleben geliefert. Ihm

Goffart, Aphelenchen.

verdanken wir auch heute noch zahlreiche neue Mitteilungen und Winke über die Technik der Nematodenuntersuchungen.

Außer Cobb haben sich nur verhältnismäßig wenige Forscher mit unserer Gruppe eingehend beschäftigt. Die meisten wandten ihre Aufmerksamkeit den freilebenden Nematoden, insbesondere den Süßwasserformen, zu, die zwar in sehr engen Beziehungen zu den an Pflanzen lebenden Nematoden stehen und für vergleichende Untersuchungen unentbehrlich sind, durch deren Kenntnis aber diejenige der praktisch wichtigen pflanzenschädlichen Nematoden kaum gefördert wurde. Diese wurde erst durch die Beobachtungen von Ritzema-Bos erweitert, der die Pathogenität gewisser Blattaphelenchen richtig erkannte. Seine Abhandlungen über *A. fragariae* und *A. olesistus* bilden den Ausgangspunkt aller weiteren Untersuchungen, von denen in der Folge eine Fülle von Mitteilungen erschienen. Genannt seien besonders die Arbeiten Marcinowskis, deren Abhandlungen über *A. ormerodis* zahlreiche neue biologische Gesichtspunkte enthalten. Sie zeigten vor allem auch der Praxis die Bedeutung der Nematodenkrankheiten und die Notwendigkeit ihrer Bekämpfung.

Die in den letzten 20 Jahren erschienenen Veröffentlichungen über pflanzenschädliche Aphelenchen knüpfen sich in der Hauptsache an die Namen Schwartz, Steiner, Stewart und Goodey. Als Ergebnis dieser Untersuchungen sind wir heute über die an Pflanzen lebenden Aphelenchen im allgemeinen gut unterrichtet; im einzelnen bestehen allerdings noch vielfach Lücken. Auch das Problem der Bekämpfung pflanzenschädlicher Aphelenchen, das noch vor wenigen Jahren im Dunkeln lag, ist zwar durch die neuesten Beobachtungen und Erfahrungen wesentlich gefördert worden, bietet aber auch heute noch manche Schwierigkeiten, die jedoch fast ausschließlich auf technischem oder wirtschaftlichem Gebiet liegen.

Allgemeiner Teil.

I. Beschreibung.

a) Systematische Stellung.

Die Gattung *Aphelenchus*[1] nimmt in der Ordnung der Nematoden oder Fadenwürmer (im Volksmunde „Älchen", englisch „eelworms", auch „roundworms" genannt) nur einen kleinen Raum ein. Sie wird mit mehreren anderen Genera, von denen die Gattungen *Dorylaimus*, *Anguillulina* und *Heterodera* die bekanntesten sind, zu den mit einem Mundstachel ausgerüsteten Nematoden, der sogenannten Familie der Anguilluliniden gerechnet[2]. Baylis und Daubney unterscheiden innerhalb der großen Familie zwei Unterfamilien: 1. die Anguillulininen (Tylenchinen) und 2. die Dorylaiminen. In der ersten Unterfamilie sind die drei Genera *Anguillulina* Gervais und van Beneden 1859 (*Tylenchus* Bastian 1865), *Aphelenchus* Bastian 1865 und *Heterodera* Schmidt 1871 die bekanntesten Gattungen. Es gehören ferner noch hierhin die Gattungen *Tylenchulus* Cobb 1911, *Nemonchus* Cobb 1913, *Hoplolaimus* Daday 1905, *Psilenchus* de Man 1921, *Isonchus* Cobb 1913 und *Tylopharynx* de Man 1876, von denen jedoch nur *Tylenchulus* als Pflanzenparasit in Betracht kommt.

Die Angehörigen dieser ersten Unterfamilie sind Würmer von fadenförmiger Gestalt und einer Länge von 0,3—1,5 mm. Charakteristisch ist für sie die Ausbildung des Vorderdarmes (Ösophagus), der eine mittlere muskulöse Erweiterung, Bulbus genannt, und eine hintere nicht muskulöse Anschwellung hat, die zuweilen nicht deutlich vom Darm getrennt ist. Ferner besitzt diese Nematodengruppe einen besonders gebauten Mundstachel, der aus einer dreiteiligen Hohlröhre besteht, die nach vorn in eine feine Spitze ausläuft, nach hinten dagegen einen zylinderartigen Abschnitt trägt und hier mehr oder weniger geknöpft endigt (Abb. 1). Liegt ein so gebauter Mundstachel vor, so haben wir es in allen Fällen mit einem Vertreter der Anguillulininen zu tun. Die weitere Unterscheidung der zu dieser Unterfamilie gehörenden Gat-

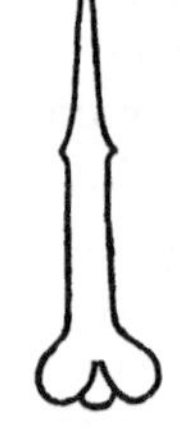

Abb. 1. Schematische Darstellung eines Anguillulininenstachels (Original).

---

[1] $\grave{\alpha}\varphi\varepsilon\lambda\acute{\eta}\varsigma$ = einfach, $\overset{\text{'}}{\varepsilon}\gamma\chi o\varsigma$ = Stachel.

[2] Ich folge in der Systematik dem neuesten von Baylis und Daubney herausgegebenen Werk.

tungen erfordert aber eine genaue Kenntnis der oft geringfügigen Unterscheidungsmerkmale und ist bei nicht erwachsenen Tieren selbst für den Fachmann nicht einfach. Ich halte es daher für notwendig, wenigstens die Unterscheidungsmerkmale der vier an Pflanzen vorkommenden Nematodengattungen dieser Unterfamilie zu behandeln.

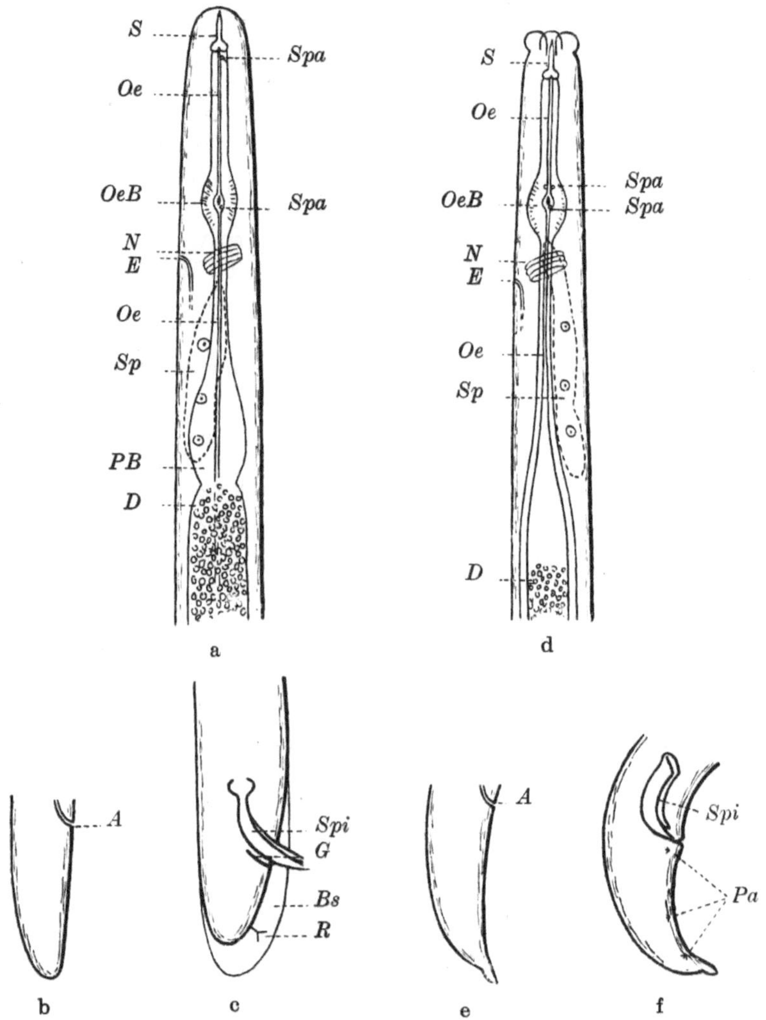

Abb. 2. Schematische Darstellung der Unterschiede einer *Anguillulina* und eines *Aphelenchus*. Erklärung: a Vorderende, b Schwanzende des ♀, c Schwanzende des ♂ einer Anguillulina, d Vorderende, e Schwanzende des ♀, f Schwanzende des ♂ eines Aphelenchus. *A* After, *Bs* Bursa, *D* Darm, *E* Exkretionsporus, *G* Gubernaculum (akzessor. Stück), *N* Nervenring, *Oe* Ösophagus, *OeB* Ösophagusbulbus (Medianbulbus), *Pa* Papillen, *PB* Hinterer Bulbus (Pseudobulbus), *R* Bursalrippe, *S* Stachel, *Sp* Speicheldrüse, *Spa* Ausführungsgang der dorsalen und einer submedianen Speicheldrüse (die zweite submediane ist fortgelassen), *Spi* Spiculum. (Original.)

Ob ein Nematode der Gattung *Heterodera* vorliegt, erkennt man leicht an dem Auftreten mehr oder weniger rundlicher Gebilde an den Wurzeln, die entweder von der Größe eines Quarzkörnchens von weißer oder hellbrauner Farbe die geschlechtsreifen Weibchen des Rübennematoden (*Heterodera schachti* SCHMIDT) oder eine seiner biologischen Rassen darstellen oder als knöllchenartige Verdickungen die Anwesenheit von *Heterodera* (*Caconema*) *radicicola* GREEFF verraten. Der letztgenannte Parasit tritt vor allem bei zahlreichen Gewächshauspflanzen (z. B. *Begonia, Clematis, Cyclamen* usw.) auf. Im Freiland kommt er in Mitteleuropa als Schädling selten vor. Auch bei der Gattung *Tylenchulus*, dessen einziger Vertreter *T. semipenetrans* COBB ist, schwillt der hintere Teil des Körpers der ♀♀ sackförmig an. Im übrigen fehlt diesen Tieren ein funktionsfähiger After, ferner den ♂♂ die kaudalen Flügel (Bursa)[1]. Auch liegt der Exkretionsporus nahe der Körpermitte. Als Parasit wurde *Tylenchulus semipenetrans* bisher nur an den Wurzeln von Citrusbäumen auf Malta, in Spanien, Palästina, Kalifornien, Florida und Australien beobachtet (COBB 3).

Der ausgeprägte Sexualdimorphismus unterscheidet diese Gattungen sofort von den beiden anderen, deren Identifizierung oft schwierig ist. Der Hauptunterschied zwischen *Anguillulina* und *Aphelenchus* liegt darin, daß bei den ♂♂ der Gattung *Anguillulina* eine Bursa vorhanden ist, die den ♂♂ von *Aphelenchus* fehlt (Abb. 2). Ein weiterer Unterschied besteht in der Lage der Ausführungsgänge der Speicheldrüsen, von denen zwei an der Basis des Chitinlumens des Ösophagusbulbus liegen, die dritte aber bei der Gattung *Aphelenchus* durch den dorsalen Abschnitt des medianen Bulbus verläuft und im vorderen Bulbusteil ausmündet, während bei *Anguillulina* diese letztere an der Basis des Mundstachels mündet (vgl. Abb. 2 u. 4). Das Kopfende ist bei *Aphelenchus* meist noch kappenartig abgesetzt. Im Bau des Ösophagus sind beide Gattungen nicht immer deutlich zu unterscheiden. Während nämlich bei *Anguillulina* ein deutlicher vom Darm durch eine Verengerung getrennter hinterer Ösophagusabschnitt mit einem Pseudobulbus vorhanden ist, geht der Ösophagus bei *Aphelenchus* allmählich in den Darm über[2].

Die generischen Eigenschaften der Gattung *Aphelenchus*, als deren

---

[1] Wegen der Erklärung der Fachausdrücke vgl. Abb. 2 und den Abschnitt: Morphologie und Anatomie.

[2] Für Aphelenchen mit anguillulinaartigem Ösophagus stellte MICOLETZKY (4) das Subgenus *Paraphelenchus* auf, das von GOODEY (2) zu einem selbständigen Genus mit dem Typus *Paraphelenchus pseudoparietinus* MICOLETZKY 1921 (GOODEY 1927) erhoben wurde. *Aphelenchus* (*Paraphelenchus*) *foetidus* BÜTSCHLI (MICOLETZKY) ist nach GOODEY (3) synonym mit *Tylopharynx striata* DE MAN (vgl. auch S. 94).

♀-Typus von Bastian *A. avenae* aufgestellt worden ist, während als Typus des ♂-Geschlechts — da dieses von *A. avenae* nicht bekannt ist — von Micoletzki (4) und Goodey (2) *A. parietinus* gewählt wurde, sind zusammengefaßt folgende: Kleine, nach vorn und hinten schmäler werdende Würmer mit mehr oder weniger abgesetztem Kopfende; Lippen oft undeutlich; Schwanz stumpf abgerundet oder spitz zulaufend und vielfach in einen terminalen Schwanzfortsatz endigend. Mundstachel verschieden lang mit oder ohne basale Anschwellungen. Ösophagus bestehend aus einem präbulbären engeren Abschnitt, einem deutlich muskulösen Bulbus und einem postbulbären mehr oder weniger gut ausgeprägten Abschnitt, der allmählich in den Darm übergeht. Die Speicheldrüsen erstrecken sich vom Bulbus nach hinten bis zum Beginn des Darmes als schmale lappenförmige Streifen. Vulva am Anfang des hinteren Körperdrittels oder -viertels. Uterus gewöhnlich mit, selten ohne postvulvären Abschnitt. Gonade einfach, nach vorn ausgestreckt oder umgeschlagen. ♂♂ oft mit ventral gekrümmtem Schwanz ohne kaudale Flügel (Bursa). Schwanzpapillen ventro-lateral und meist postanal. Spicula von der Seite aus gesehen dornförmig und eng aneinander liegend. Akzessorisches Stück (Gubernaculum) fehlend oder rudimentär.

Außer den rein morphologischen Abweichungen bestehen zuweilen auch Unterschiede in dem biologischen und physiologisch-pathologischen Verhalten der Anguillulinen und Aphelenchen. Die echten Parasiten unter den Aphelenchen finden sich besonders in Stengeln, Blättern und Blüten verschiedener Garten- und Zierpflanzen, die als Kulturpflanzen zum Teil erst in Gewächshäusern herangezogen werden müssen. Unter den ausländischen Nutzpflanzen wird hauptsächlich die Kokospalme von einem *Aphelenchus* befallen. Bei vielen Wirtspflanzen kommt es aber nicht zu einer Hypertrophie des Gewebes, sondern es treten nur Verfärbungen an den Blättern, Blüten und Stengeln auf; doch gibt es auch manche Ausnahmen. Im Gegensatz zu den Aphelenchen rufen die echten Parasiten unter den Anguillulinen fast stets Gewebshypertrophien hervor, die sich diffus an der ganzen Pflanze bemerkbar machen können (z. B. bei Roggen, Phlox, Zwiebelgewächsen) oder in Form von Gallen an mehr oder weniger bestimmten Stellen auftreten (z. B. an Blättern, Blüten und Wurzeln von Gramineen). Die Halbparasiten beider Gattungen lassen sich in dieser Form nicht voneinander trennen.

b) Verbreitung.

Die Verbreitung pflanzenschädlicher Aphelenchen hängt von dem Vorkommen der Wirtspflanzen ab. Aus Tabelle 1, in der das Auftreten der verschiedenen Wirtspflanzen und ihrer Parasiten mitgeteilt ist, ergibt sich einmal eine geringere geographische Verbreitung des Parasiten als die seiner Wirtspflanzen. Zum Teil dürfte dies freilich auf die nicht genügende Kenntnis der Aphelenchen zurückzuführen sein. Das weit auseinanderliegende Verbreitungsgebiet mancher Aphelenchen läßt ferner die Annahme begründet erscheinen, daß in vielen Fällen auch eine Verschleppung von Parasiten mit Wirtspflanzen in Betracht kommt.

Tabelle 1.

Parasit	Hauptsächliche Wirtspflanze	Verbreitung	
		der Wirtspflanze	des Parasiten
A. fragariae	Erdbeere	Als Kulturform in der nördl. gemäßigt. Zone	England, Holland, Deutschland, nordische Staaten, West-Indien
A. olesistus	Farne, Begonien usw.	Als Kulturformen bes. in Gewächshäusern	Europa, U. S. A., meist in Gewächshäusern
A. ritzemabosi	Chrysanthemum	Als Kulturform in vielen Ländern, besonders in Europa und Ostasien	Europa, Südafrika, U. S. A., Brasilien
A. ribes	Schwarze Johannisbeere	Als Kulturform besonders in Mitteleuropa	England
A. cocophilus	Kokospalme	In den Küstengebieten der Tropen und Subtropen	Kleine Antillen, Mittelamerika, Norden Südamerikas, Fidschi-Inseln
A. subtenuis	Narzissenknollen	Als Kulturform besonders in Mitteleuropa und U. S. A.	U. S. A.

In Europa wurden *A. olesistus* und *A. ritzemabosi* in folgenden Staaten festgestellt: Deutschland, Holland, England, Dänemark, Schweden, Norwegen, Tschechoslowakei, Österreich, Schweiz, Frankreich, Belgien. Aus Rußland[1], Ungarn, Italien und Spanien sind pflanzenschädliche Aphelenchen bisher nicht bekannt geworden. Aus dem übrigen Europa und aus den meisten außereuropäischen Ländern fehlen Angaben.

Über die Verbreitung der „Halbparasiten" sind wir noch weniger unterrichtet. Bei *A. parietinus* können wir indes von einer weltweiten Verbreitung sprechen.

---

[1] Die Arbeiten von VASSILIEV beziehen sich nach freundlicher Mitteilung des Herrn Dozenten FILIPIEV, Leningrad, nicht auf Beobachtungen in Rußland.

c) Morphologie und Anatomie.

Alle Angehörigen der Gattung *Aphelenchus* sind schlanke Organismen, deren Größe selten mehr als 1 mm beträgt; sie stehen also für das unbewaffnete Auge auf der Grenze der Sichtbarkeit. Der drehrunde, plumpe bis fadenförmige Körper hat meist eine mehr oder weniger fein geringelte Cuticula und ist borstenlos. Pilzhyphen und Bakterien können allerdings zuweilen eine Beborstung vortäuschen. Die Längsstreckung ist nach STEINER (3) hervorgerufen durch die seriale Anordnung der Elemente der Hypodermis und des Hautmuskelschlauches in Verbindung mit dem Fehlen eines bei niederen Tieren vielfach vorhandenen Wimperapparates und anderer Körperanhänge. Der infolge der halbsessilen Lebensweise der Nematodenahnen ursprünglich radiär-symmetrische Körperbau hat sich durch die ungleiche Ausbildung paariger Organe sowie durch Verlagerungen zu einer Körperform herausgebildet, die zwar großenteils bilateral-symmetrisch ist, aber auch radiäre und asymmetrische Verhältnisse aufweist (HETHERINGTON 1).

Der Körper der Aphelenchen ist mit einer elastischen ein- oder mehrschichtigen Cuticula bekleidet, die von der darunterliegenden Zellschicht, der Hypodermis oder Subcuticula, ausgeschieden und bei den späteren Häutungen während der Larvenzeit erneuert wird. Diese letztere besteht aus einem von Fibrillen durchzogenen Synzytium, das in die Leibeshöhle hineinragt und durch Längswülste oder Seiten- bzw. Medianfelder (englisch „lateral- bzw. dorsal- und ventral-chords") die Längsmuskulatur in Muskelfelder teilt, die ihrerseits aus glatten Muskelzellen zusammengesetzt sind und mit der Subcuticula den für alle Würmer charakteristischen Hautmuskelschlauch bilden. Durch die Längswülste wird der Nematode demnach in vier Viertel geteilt (Abb. 3). Nach der Anordnung der Muskelelemente, die entweder gar nicht oder nur in ihrer Längsrichtung geteilt sind, würden die Aphelenchen nach der von SCHNEIDER vorgenommenen Einteilung auf Grund ihres Muskelsystems zu den Holomyariern zu rechnen sein. Besondere Muskelelemente liegen noch im Vorderdarm und im Bereich des Kopulationsapparates (Spicularmuskeln).

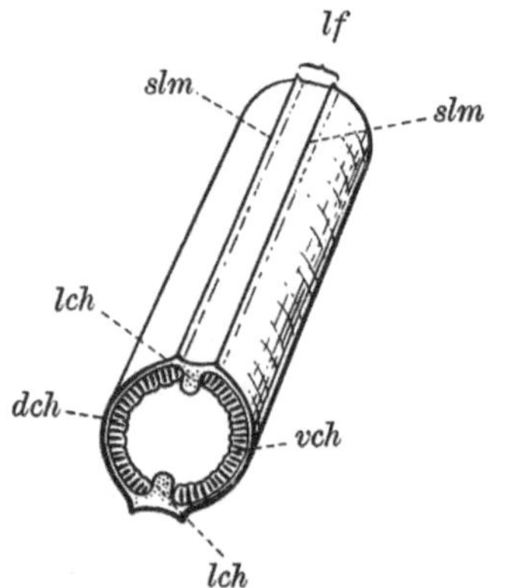

Abb. 3. Querschnitt durch einen Aphelenchus. Etwas schematisiert. Erklärung: *dch* dorsaler Längswulst, *lch* lateraler Längswulst, *lf* Längsfeld, *slm* sublaterale Membran (Seitenmembran), *vch* ventraler Längswulst. Längswülste (Seiten- bzw. Medianfelder) sind wulstförmige Hypodermisverdickungen, die in die Leibeshöhle hineinragen. Längsfelder (Seitenmembranen schlechthin) sind seitliche Oberflächenlängsbänder der Cuticula, die zuweilen erhaben sind.
(Nach STEINER 6).

Die längsgerichtete Muskulatur der Aphelenchen ruft bei einseitiger
Kontraktion Krümmungen, bei regelmäßigem Wechsel aber schlängelnde
Bewegungen hervor. Diese Bewegungsart, die nach den heutigen Anschauungen (STEINER 3 und STAUFFER 2) auch den ursprünglich wasser-
bewohnenden Nematoden zukam, kommt zustande, indem im homo-
genen Medium (Wasser) durch abwechselnde Zusammenziehung der dorsalen und ventralen Muskulatur pendelnde Bewegungen hervorgerufen
werden, wobei der Körper auf einer Seite liegt. Diese Schwimm-
bewegung läßt sich z. B. bei *Aphelenchus ritzemabosi* sehr leicht beobachten, wenn man ein Stück eines von dem Parasiten befallenen Chrysanthemumblattes in Wasser legt. Nach einiger Zeit (oft schon nach
10—15 Minuten) schwimmen dann die Nematoden im Wasser umher.
Bei Anwesenheit fester Teile im Boden oder an und in Pflanzenteilen
wird der Körper unter Ausnutzung vorhandener Stützpunkte und durch
muskulöse Bewegungen fortbewegt. Auf feuchten Unterlagen können
die Aphelenchen besonders leicht emporklettern. Für die Weiterverbreitung der Aphelenchen sind daher feuchte Blätter und Stengel von aus-
schlaggebender Bedeutung.

An der Außenseite der Cuticula erhebt sich jederseits eine fälschlich
als „Seitenlinie" bezeichnete mehr oder weniger deutlich erkennbare
Seitenmembran (englisch „lateral membrane" oder „wing"), die an der
Körperoberfläche mit breiter Basis ansetzt und sich oftmals zu einem
„Längsfeld" ausbildet (s. Abb. 3). Ihre relative Breite beträgt etwa
$^1/_{4,5}$ bis $^1/_6$ des Körperdurchmessers.

Der aus den verschmolzenen Lippen bestehende vordere Mund-
abschnitt hebt sich von dem übrigen Körper durch eine leichte Einschnürung kappenartig ab und tritt ein wenig wulstig oder zylindrisch
vor. Papillenartige Vorsprünge oder feine, stark lichtbrechende Knöpf-
chen (Amphiden) an der terminal gelegenen Mundöffnung können vorhanden sein. Die Mundhöhle umschließt ferner einen Hohlstachel, der
nach Ansicht MARCINOWSKIS (3) ursprünglich aus drei in der Längsrichtung der Mundhöhle liegenden Chitinleisten bestand, die sich mit drei
am Grunde der Mundhöhle gelegenen knotenartigen Verdickungen durch
zunehmende Konvergenz verschmolzen haben und nunmehr ein einheit-
liches proximal mehr oder weniger deutlich geknöpftes Chitingebilde darstellen. Dieser Mundstachel verläuft in einer cuticularisierten Stachel-
scheide, die den Stachel scheinbar nach vorn verlängert und infolge ihrer
mit dem umliegenden Zellgewebe ähnlich starken Lichtbrechung die Bestimmung der eigentlichen Stachellänge oft erschwert. Betätigt wird der
Mundstachel durch feine Muskeln, die von der Innenseite des Mund-
abschnittes zur Stachelbasis laufen. Der Mundhöhle schließt sich der
Ösophagus (Vorderdarm) als eine schlanke mit Muskeln versehene Röhre
an, die in eine bei erwachsenen Tieren stets ovale fibrilläre Anschwellung,

den Median- oder Ösophagusbulbus, führt. Das inmitten des Bulbus liegende Lumen wird von drei halbmondförmigen Chitinstückchen be-

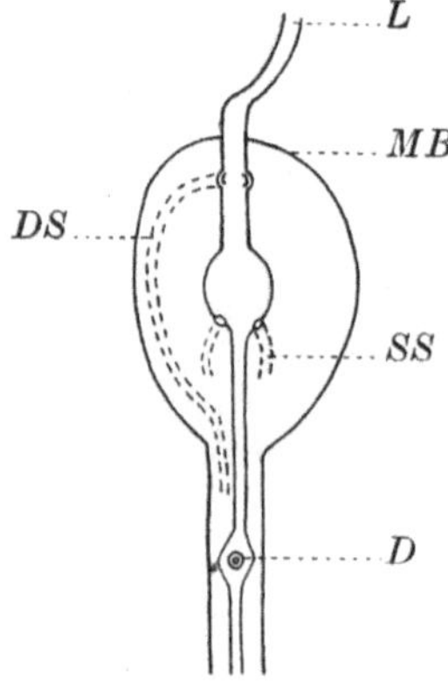

Abb. 4. Der mediane Bulbus mit Speicheldrüsengängen und einem Deirid (Nervenring und fibrilläre Struktur des Bulbus sind weg-gelassen). *D* Deirid, *DS* Dorsaler Speicheldrüsengang, *L* Lumen des Ösophagus, *MB* medianer Bulbus, *SS* submedianer Speicheldrüsen-gang. (Original, etwas schema-tisiert.)

grenzt und trägt an seiner Basis die Öffnungen der beiden submedianen Speicheldrüsen. Der Ausführungsgang der dritten (dorsalen) Speicheldrüse durchzieht dorsal den ganzen Bulbus und mündet am vorderen Bulbusabschnitt aus (Abb. 4). Er bildet damit ein charakteristisches Merkmal für die Gattung *Aphelenchus*. Die drei einzelligen Speicheldrüsen selbst liegen mehr oder weniger miteinander verbunden hintereinander in einer Reihe zwischen Nervenring und vorderem Darmabschnitt.

Der auf den Bulbus folgende mehr oder weniger breit ansetzende Abschnitt wird fälschlich schon als Mitteldarm bezeichnet. Er ist aber morphologisch und physiologisch nichts anderes als der hintere Ösophagusteil der Anguillulinen, der jedoch ohne einen erkennbaren Pseudobulbus und ohne eine Einschnürung in den durch zahlreich eingelagerte

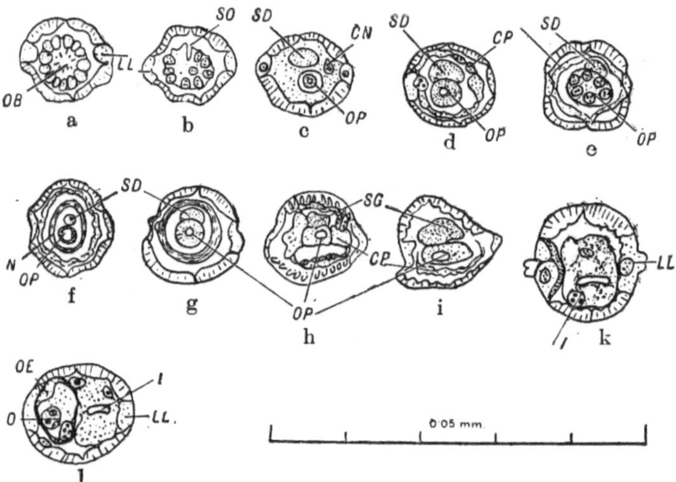

Abb. 5. Querschnitte durch *Aphelenchus ritzemabosi* als Beispiel der inneren Anatomie eines *Aphelenchus*. Erklärung: a, b Querschnitte durch den Ösophagusbulbus, c, d, e Querschnitte zwischen Bulbus und Nervenring, f, g Querschnitte durch den Nervenring, h, i Querschnitte zwischen Nervenring und Ösophagusende; k Querschnitt durch den Darm vor der Gonade, l Querschnitt am Anfang des Ovars. *CN* ein Zellkern des Ösophaguskragens, *CP* Hintere Grenze des Kragens, *I* Darm, *LL* Seitenmembran, *N* Nervenring, *O* Ovar, *OB* Ösophagusbulbus, *OE* Endothel der Gonade, *OP* hinterer Ösophagusabschnitt, *SD* Speicheldrüsengang, *SG* Speicheldrüse, *SO* Öffnung des Speicheldrüsenganges in den Bulbus. (Nach STEWART.)

Körnchen und Fetttröpfchen gekennzeichneten eigentlichen Darm übergeht. Dieser ist im Querschnitt schlitzartig und wellenförmig (Abb. 5k, *I*);
er besteht aus hohen Epithelzellen und stellenweise eingelagerten Muskelzellen, hat aber keine drüsigen Anhänge. Durch einen Sphinkter wird
der Mitteldarm vom Enddarm getrennt. Am After finden sich einmal
die beiden Dilatatoren, ferner beim
Männchen Bursal-, Protractor- und Re-
tractormuskeln (Abb. 6). Der Schwanz
läuft durchweg bei allen Formen in eine
deutlich abgesetzte Spitze von verschiedener Länge aus, in die eine Schwanzdrüse mündet. Zuweilen können noch
bei den ♂♂ auf der Ventralseite des
Schwanzes, zwischen After und Schwanzspitze median gelegen, Papillen auftreten,
die vermutlich als Tastorgane bei der
Kopulation dienen. Auch ist bei männlichen Tieren der Schwanz meist stärker
gekrümmt, so daß sich schon hier gewisse
Unterschiede zwischen Männchen und
Weibchen ergeben. (Die charakteristischen Geschlechtsunterschiede sind auf
S. 12 u. 13 behandelt.)

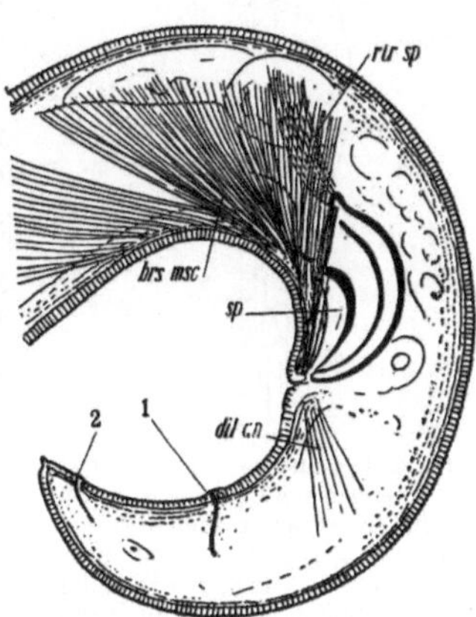

Abb. 6. Schwanzende mit Muskulatur
eines ♂ *Aphelenchus (A. ritzemabosi)*.
Erklärung: *brs msc* Bursalmuskel, *dil
an* Dilatatormuskel des Afters, *rtr sp*
Retractormuskel des Spiculums, *sp* Spiculum, *1, 2* Papillen. (Nach STEINER 4.)

Das Nervensystem der Aphelenchen
besteht in der Hauptsache aus dem Nervenring, einem in schräger Lage
den hinteren Ösophagusabschnitt ringförmig umgebenden, zuweilen
schwer erkennbaren Nervenbündel, das nach vorn und rückwärts eine
Anzahl Längsstränge aussendet, die die verschiedenen Sinnespapillen
innervieren, im einzelnen aber nicht näher untersucht sind. Mitunter
sind rings um den Ösophagus kurz vor und hinter dem Bulbus einige
kernhaltige rundliche Gebilde zu erkennen (Abb. 5c, *CN* und 13a, *CA*),
die STEWART als „cellular collar" bezeichnet und die vermutlich gleichfalls eine nervöse Funktion haben. Zwei oder vier besonders deutliche
Kerne liegen unmittelbar hinter dem Bulbus (Abb. 13a, *CN*).

Die Sinnesorgane finden sich am Vorderende und an der Seite des
Körpers sowie am Hinterende in der Genital- und Analgegend. Die
vorderen sind nach COBB (12) bei Aphelenchen mit den bei anderen
Nematoden vorhandenen als Seitenorgane schlechthin bezeichneten Amphiden zu den sogenannten Kopfpapillen verschmolzen. In der Nähe des
Zentralnervensystems finden sich sodann ein Paar Nacken- oder Cervical-
papillen, die als „Seitenorgane", ebenso wie die Kopfpapillen, wahrscheinlich sensibel sind, aber zum Unterschied von anderen Seitenpapillen
von COBB als „Deirids" oder „Derids" bezeichnet werden. Sie sind aller-

dings bisher nur bei *A. (modestus* DE MAN) *parietinus* BASTIAN mit Sicherheit nachgewiesen worden. Weitere am kaudalen Ende zuweilen auftretende „Seitenorgane", die COBB als „Phasmiden" bezeichnet, sind bei Aphelenchen noch nicht beobachtet worden. Diese einen mehr drüsenartigen Charakter tragenden, sehr schwer erkennbaren Organe verschmelzen sich mit anderen Papillen in gleicher Lage, besonders mit den männlichen Schwanzpapillen, anscheinend nicht.

Über die Physiologie der Sinnesorgane ist mitzuteilen, daß diese neben ihrer Aufgabe, als Tastorgane („Tangorezeptoren" STEINER) zu dienen, wahrscheinlich auch die Aufnahme chemischer Reize („Gustorezeptoren" STEINER), insbesondere das Auffinden einer neuen Wirtspflanze, das Eindringen in diese und die Richtung bei den Wanderungen im Innern der Pflanze vermitteln. Es liegen demnach hier ähnliche Verhältnisse vor, wie sie BAUNACKE, COBB, RENSCH und STEINER experimentell für den Rübennematoden und das Stockälchen nachgewiesen haben.

Das Exkretionsorgan besteht wahrscheinlich bei allen Aphelenchen aus einem einseitig entwickelten sogenannten Seitengefäß, das intrazellulär sich in einer einzigen riesigen Zelle mit meist asymmetrischem Kern verzweigt und nach Wiedervereinigung durch einen Ausführungsgang mit dem ventro-median liegenden Exkretionsporus in Verbindung steht, der hinter dem Bulbus in Höhe des Nervenrings oder dahinter ausmündet.

Die Aphelenchen sind, wie die meisten Nematoden, durchweg getrennt-geschlechtlich. Eine Ausnahme bilden nur *A. chamelocephalus* und *A. avenae*, von denen der letztere als syngonisch proterandrischer Hermaphrodit gilt (s. S. 91). Die Fortpflanzungsorgane sind bei beiden Geschlechtern lang gestreckt und haben ihre Keimzone an ihrem vorderen blinden Ende. Während beim weiblichen Tier die Geschlechtsprodukte durch einen besonderen Porus nach außen gelangen, werden sie beim Männchen durch den Enddarm entleert, der demnach als Kloake funktioniert. Das weibliche ursprünglich paarig angelegte Organ hat sich rückgebildet, indem nur noch der sich nach vorn in den Körper erstreckende Teil des Ovariums seine Funktion behalten hat; der hintere rudimentäre (Vaginal-) Abschnitt ist sackähnlich ausgebildet und dient wie der vordere Teil der Vagina als Receptaculum seminis. Die als Vulva bezeichnete ♀ Geschlechtsöffnung liegt ventro-median, ist quergestellt und trägt meist schwach lippenförmige Vorsprünge. Die Eier gelangen vom Eileiter in den Uterus, der in die vordere Vagina führt und von ihr durch einen Sphinkter getrennt ist. In der vorderen Vagina erfolgt vermutlich die Befruchtung und Bildung der Eischale. Diese scheint, wie schon SCHNEIDER bei *Ascaris* nachweisen konnte, auch hier vom Ei selbst gebildet zu werden. Eine Schalendrüse ist jedenfalls bisher mit Sicherheit nicht festgestellt worden.

Beim männlichen Geschlecht bilden sich in der Terminalzelle des unpaaren Hodens die Spermatogonien, die nach ihrer Reifung zu Spermien durch den in den Enddarm mündenden muskulösen Ductus ejaculatorius nach außen gelangen. Es sind, wie ich einige Male beobachten konnte, rundliche Gebilde, die aus einer hyalinen Masse bestehen und einen kleinen Kern tragen. Als Begattungsorgane dienen zwei kurze, zuweilen hornartig gebogene Spicula, die durch besondere Pro- und Retraktormuskeln bewegt und erigiert werden können (Abb. 6). Jedes Spiculum besteht aus einem paarigen dorsalen und einem unpaaren ventralen Stück, die an ihrem proximalen Ende vereinigt sind. Ein unpaares sogenanntes akzessorisches Stück (Gubernaculum) fehlt meistens. Ferner fehlt ein zu beiden Seiten der Kloake bis zum Schwanzende ausgebildeter Hautsaum, die sogenannte Bursa.

Das Geschlechtsverhältnis ist bei den Aphelenchen sehr verschieden. Bei den echten Parasiten sind Männchen und Weibchen durchschnittlich in gleicher Anzahl vorhanden. Bei anderen ist das Verhältnis zugunsten der Weibchen verschoben. Ja, es können sogar Männchen ganz fehlen.

d) Variabilität.

Zur Erfassung der Variabilität freilebender Nematoden wurde früher die Variationsbreite als Maß benutzt, die jedoch wenig genau ist. MICOLETZKY (4) berechnete dann den Quartilskoeffizienten, der die Hälfte des Spielraums der mittleren Hälfte aller Varianten darstellt $\left(Q = \dfrac{q_3 - q_1}{2}\right)$ *1. Da aber Q nur ein Grenzwert und ein berechneter Ausdruck ist, der nur für die Variabilität eines gegebenen Materials gilt, so wählte MICOLETZKY für den Vergleich verschiedener Eigenschaften miteinander das Quartil als Bruchteil des Durchschnittsmaßes oder Mittelwertes $\left(\dfrac{Q}{M}\right)$, und zwar empfiehlt es sich, das Quartil in Prozenten des Durchschnittsmaßes anzugeben, so daß dann die Formel $\dfrac{Q \cdot 100}{M}$ lautet, wobei Q das Quartil und M der Mittelwert ist.

MICOLETZKY, der in dem Quartilskoeffizienten ein sehr brauchbares Maß für den Ausdruck der Variabilität einer Eigenschaft bei freilebenden Nematoden gefunden hat, dessen Berechnung leichter und schneller erfolgen kann als die (allerdings noch genauere) der Standardabweichung, hat diese Werte für verschiedene Süßwasser- und Erdnematoden berechnet. Hiernach schwankt jede der untersuchten Eigenschaften um den doppelten Wert des Minimums oder um ein Drittel des Mittelwertes nach oben und unten, eine Erkenntnis, die für die systematische Einschätzung sehr wichtig ist.

---

*1 Vgl. JOHANNSEN, W.: Elemente der exakten Erblichkeitslehre. 1. Aufl. 1909. S. 17—30.

· Über die Variabilität pflanzenschädlicher Aphelenchen liegen noch keine Untersuchungen vor. Vergleicht man aber die in Tabelle 2 (S. 96 f.) mitgeteilten Werte, so sieht man, daß die Variabilität der Aphelenchen ebenfalls sehr groß ist. Auch hier liegen die Schwankungen im weiblichen Geschlecht im Durchschnitt um den doppelten Wert des Minimums oder um ein Drittel des Mittelwertes, während sie bei den männlichen Tieren in vielen Fällen nur ein Drittel des Minimumwertes betragen. Aus dieser Überlegung heraus ergibt sich der Schluß, daß wir den absoluten und relativen Massen keine allzu große Bedeutung zumessen dürfen und selbst bei morphologischen Merkmalen eine gewisse Inkonstanz der Eigenschaften in Rechnung stellen müssen.

II. Entwicklung.

Die Eier, die den Körper der weiblichen Aphelenchen meist in ungefurchtem Zustande verlassen, sind dünn beschalt. Ihre Größe schwankt bei Blattaphelenchen zwischen 0,06 und 0,1 mm, ihre Breite zwischen 0,018 und 0,03 mm, so daß das Verhältnis der Länge zur Breite sich durchschnittlich wie 3:1 verhält (Abb. 7a). Andere, wie die Eier von

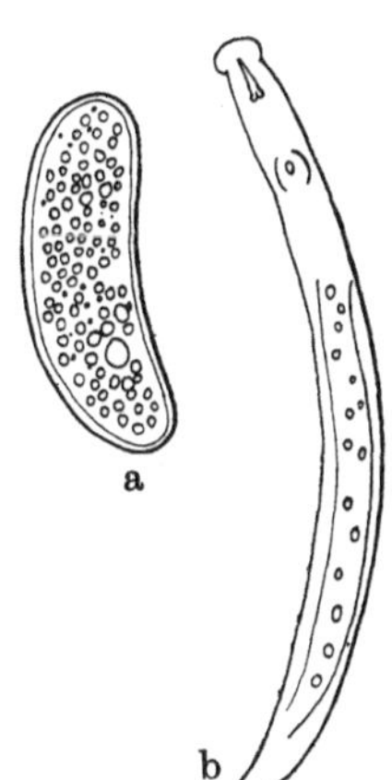

Abb. 7. a Ei, b frischgeschlüpfte Larve von *A. ritzemabosi.* Vergr. etwa 400 fach. (Original.)

A. cocophilus, sind schlanker und haben ein Längenbreitenverhältnis von 6:1. Die weitere Entwicklung geht in kürzester Zeit vor sich. So beobachtete STEWART bei frisch infizierten jungen Chrysanthemumpflanzen schon 5 Tage später junge Larven. Die jüngsten aus dem Ei geschlüpften Larven haben beim Chrysanthemumnematoden (Abb. 7b) eine Länge von 0,16—0,18 mm und eine Breite von 0,01 mm. Mundstachel und Ösophagusbulbus waren schon ausgebildet. Der Darmkanal selbst war noch nicht ganz in sich geschlossen. Im Laufe der weiteren Entwicklung treten sodann eine Reihe von Häutungsstadien auf, deren Zahl noch nicht festgelegt ist; wahrscheinlich sind es 4. Wachstum und Häutung gehen insofern parallel, als jedesmal nach einer gewissen Längen- und Dickenzunahme die dehnbare Cuticula sich von der Unterlage abhebt und dann besonders deutlich am Vorder- und Hinterende des Körpers absteht, der seinerseits eine neue nun wieder mit der Subcuticula festverbundene Cuticula ausscheidet. Dabei werden alle cuticularen Bildungen, auch die Auskleidungen der Mundhöhle und des Enddarmes, mit abgestoßen (Abb. 8). Die alte Hülle wird durch starke Kontraktionen des Tieres weiter gedehnt, schließlich gesprengt und verlassen. Da nach den Angaben STEWARTS bei *A. ritzemabosi* unter normalen Temperaturbedingungen die Embryonalentwicklung nicht mehr als 5 Tage, das Larvenstadium weitere 5 Tage und die Gesamtentwicklung von Ei zu Ei 14 Tage dauert, muß die Zahl der einzelnen Häutungen schnell aufeinanderfolgen. Hiermit geht auch die Größenzunahme Hand in Hand, die innerhalb 10 Tagen das 4—5fache der Anfangslänge erreicht. Erst vor der letzten Häutung werden die äußeren Geschlechtsorgane entwickelt, wenngleich schon vorher gewisse rudimentäre Anlagen, wie Vulva und hinterer Uterusabschnitt, zu erkennen sind.

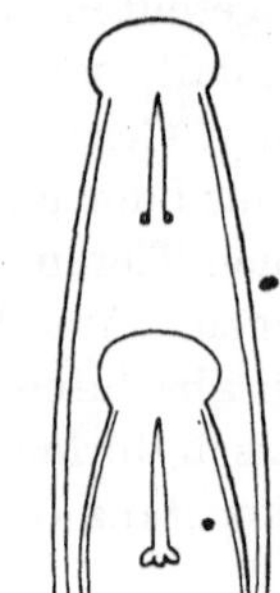

Abb. 8. Vorderende von *A. parietinus* während der Häutung. Etwas schematisiert.

Über die Zahl der Generationen liegen sichere Angaben nicht vor. Da wir aber aus den verschiedenen Beobachtungen an Blattaphelenchen entnehmen können, daß diese bis zu 5 Monaten und darüber eine schädigende Tätigkeit ausüben können, und während dieser Zeit ständig Larven auftreten, dürfte die Zahl der Generationen mit fünf eher zu niedrig als zu hoch veranschlagt sein.

III. Biologie.

In der Biologie der Aphelenchen können wir drei verschiedene Lebensabschnitte unterscheiden: a) Die Wanderung der Tiere zu ihrer Wirtspflanze, b) Das parasitäre Leben, c) Das Ruhestadium.

Betrachten wir zunächst

a) Die Wanderung der Aphelenchen zu ihrer Wirtspflanze.

Wird die obere Bodenschicht, in der sich die Nematoden aufhalten, durch Regen oder Tau befeuchtet, und sind auch sonst die Lebensbedingungen günstig, so kommen die Aphelenchen an die Oberfläche und suchen eine ihnen zusagende Wirtspflanze auf. Geleitet werden sie hierbei vermutlich durch die Tastorgane (Amphiden). Auf diesen Wanderungen, die, soweit bekannt, hauptsächlich von geschlechtsreifen Tieren, namentlich von den Weibchen, ausgeführt werden, erreicht nur ein kleiner Teil das Ziel; die meisten gehen wegen Fehlens einer geeigneten Wirtspflanze oder infolge ungünstiger Lebensbedingungen (Trockenheit) zugrunde. Vor allem ist das Auffinden einer geeigneten Wirtspflanze für den Parasiten eine Lebensnotwendigkeit. Je mehr er sich nämlich spezialisiert hat, desto schwieriger wird es für ihn, diese zu erreichen. Dennoch gehört das ausschließliche Vorkommen eines *Aphelenchus* an einer Wirtspflanze nach den heutigen Erfahrungen schon zu einer Seltenheit. Wahrscheinlich werden weitere Beobachtungen ergeben, daß die Monophagie überhaupt nicht besteht, sondern zu jedem Parasiten ein mehr oder weniger großer Wirtspflanzenkreis gehört. So zeigt sich unter den Aphelenchen besonders *A. olesistus* polyphag. Auch für *A. ritze-*

mabosi, der zuerst an Chrysanthemum beobachtet worden ist, wurden bereits mehrere Wirte festgestellt. Durch einen Infektionsversuch gelang es mir sogar, ihn auf Lorraine-Begonien zu übertragen und zum Erzeugen der bekannten Blattflecken zu veranlassen (Farbentafel Abb. 8). Doch kommt es trotz Polyphagie der Aphelenchen durchweg nur an bestimmten Pflanzen zu einer beachtenswerten Schädigung.

Hat der Parasit eine geeignete Wirtspflanze gefunden, so steigt er in dem Bestreben nach oben zu wandern (von COBB als Apogeotropismus bezeichnet)[1] an Stengeln und Blättern von Pflanzen empor, die ihm durch die feinen Härchen und die daranhängenden Wassertröpfchen eine rauhe Oberfläche bieten. In manchen Fällen kann die Infektion auch durch auf den Boden aufschlagenden Regen hervorgerufen werden, wobei die untersten Blätter mit Aphelenchen enthaltenden Bodenteilchen bespritzt werden. Selten werden unterirdische Pflanzenteile (Knollen) befallen. Ein Übertragen von Nematoden durch andere Organismen, insbesondere durch Insekten, ist zwar für einige Fälle nachgewiesen worden, so z. B. für *A. cocophilus*, doch ist ein ähnlicher Fall bei unseren Blattaphelenchen bisher nicht bekannt geworden.

Welchen Weg wählen nun die Aphelenchen, wenn sie die ihnen zusagende Wirtspflanze gefunden haben? Mehrfach ist dabei die Frage aufgeworfen worden, ob eine Wanderung durch das Innengewebe möglich ist. Hierin verhalten sich die Parasiten verschieden. Wenn auch das Aufsteigen an der Wirtspflanze nach den heutigen Anschauungen im allgemeinen an der Außenseite des Stammes oder Stengels erfolgt, so kommt es doch wenigstens bei *A. cocophilus* auch zu Wanderungen innerhalb des Meristemgewebes des Stammes. Bei den einheimischen Blattaphelenchen scheint diese Verbreitungsart nicht vorzukommen, obwohl im Laufe der Zeit dieser Punkt oft strittig war (vgl. S. 56f.). Auf Grund der Beobachtungen von MOLZ, STEWART und GOFFART (1) darf nunmehr wohl mit Sicherheit angenommen werden, daß eine Wanderung dieser Aphelenchen innerhalb des Stengels nicht erfolgt. Werden dennoch, namentlich in jüngeren noch weichen Stengeln, Nematoden gefunden, wie in mehreren Fällen berichtet wird, so handelt es sich um solche, die durch Verletzungen der Epidermis eingedrungen sind. Eine Vermehrung der Tiere an dieser Stelle ist jedenfalls bisher nicht mit Sicherheit beobachtet worden.

b) Das parasitäre Leben.

Der eigentliche Parasitismus mit seinen Krankheitserscheinungen beginnt mit dem Eindringen der Aphelenchen in das gesunde pflanzliche Gewebe. Bei den echten Parasiten erfolgt es nach MOLZ hauptsächlich

---

[1] In anderen Fällen, z. B. in mit Wasser gefüllten Glaszylindern, sammeln sich Blattaphelenchen am Grunde der Gefäße an.

durch Verletzungen der Epidermis. Allerdings schließt der Forscher auch
eine Infektion durch die Spaltöffnungen der Schließzellen nicht aus, hält
sie aber für weniger wahrscheinlich, da die Breite der Spaltöffnungen an
den Schließzellen, z. B. bei *A. ritzemabosi*, erheblich geringer sei als die
der Aphelenchen. Nach Versuchen von STEWART und ROZSYPAL sowie
nach eigenen Beobachtungen scheint dieser Nematode (und auch andere
Blattaphelenchen) aktiv durch die Spaltöffnungen in das Blattgewebe
einzudringen (Abb. 9). Die Infektion der Knospen und Blüten erfolgt
fast ausschließlich durch die hier vorhandenen Zwischenräume; bei
A. ribes soll sogar das sukkulente Gewebe an dem unteren Teil der
Johannisbeerknospe mit Hilfe des Stachels angebohrt werden, um den
Parasiten Zutritt zu dem inneren Gewebe zu gewähren.

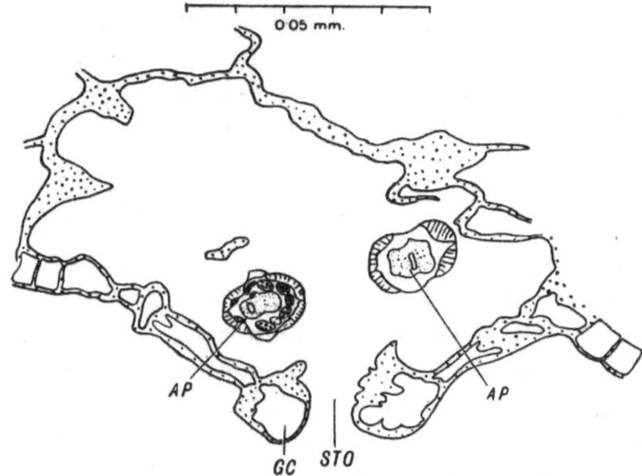

Abb. 9. Querschnitt durch den Spaltöffnungsapparat eines Chrysanthemumblattes.
Erklärung: *AP Aphelenchus ritzemabosi*, *GC* Schließzelle, *STO* Stoma. (Aus STEWART.)

Innerhalb des Blattes halten sich die Aphelenchen in den Interzellularen der Mesophyllschichten auf, wo auch die Eiablage stattfindet; sie
dringen also niemals in die Zellen selbst ein. Auch im Innern der Kokos-
stämme findet man sie nur in den Zwischenräumen des Meristemgewebes.
Ihre Nahrung besteht aus dem Zellsaft, den sie nach Ansicht der meisten
Forscher durch Anbohren der Zellen mit dem Mundstachel erhalten und
durch Saugen aufnehmen. Durch diese mechanische Zellzerstörung und
vielleicht auch durch die Ausscheidung eines Toxins rufen die Parasiten
eine Schrumpfung der Chlorophyllkörner und gleichzeitig eine Veränderung des Turgors in den Blättern hervor, so daß diese sich verfärben und
krümmen. Ist die Veränderung des Zellinhalts bis zur Palisadenschicht
vorgedrungen, so schrumpft das Schwammparenchym immer mehr, bis
schließlich ein Zusammenfallen der Mesophyllschichten eintritt. Neben
diesen Blattdeformierungen kommt es auch mitunter zu Verästelungen

Goffart, Aphelenchen.   2 des Hauptstengels oder der Nebenzweige, die meist verkümmerte und mißfarbene Blätter und Blüten tragen. Zuweilen bilden sich sogar gallenartige Verdickungen am Stengelgrund aus, die den Parasiten in großer Anzahl enthalten. Lebt der Nematode im Innern eines Stengels oder Stammes, so vermag er auch hier Zellzerstörungen und Verfärbungen hervorzurufen. Über den weiteren Krankheitsverlauf, der im einzelnen bei den verschiedenen Parasiten und Wirtspflanzen sich abweichend verhält, verweise ich auf den speziellen Teil.

Der Zeitpunkt des Befalls ist im allgemeinen auf die jüngeren Stadien begrenzt. Vielfach beherbergen schon für die Vermehrung benutzte Stecklinge den Parasiten. In anderen Fällen erfolgt die Infektion zu einer Zeit, in der das Gewebe noch nicht verholzt ist. Blatt- und Blüteninfektionen sind im Freien in jedem Stadium möglich und experimentell auch mehrfach gelungen.

c) Das Ruhestadium.

Sind die befallenen Pflanzenteile zum Absterben gebracht, so können für den Parasiten ungünstige Verhältnisse eintreten, wenn es ihm nicht gelingt, aus dem absterbenden Blatt bei Befeuchtung auszuwandern. Die Eigenschaft vieler Nematoden, diese ungünstigen Lebensverhältnisse durch Ausbildung widerstandsfähiger Dauerzustände zu überstehen, ist auch bei den Aphelenchen vorhanden. Nur kommt es hier nicht zu einer Einkapselung, wie bei manchen Tierparasiten (Trichine u. ä.), sondern zu einem Ruhestadium, das die Tiere leicht gekrümmt meist in der Erde verbringen. Während aber die erwachsenen Tiere nach STEWART eine Trockenheit von 6 Wochen, nach STEINER (4) eine solche von 3 Wochen ertragen, haben die Larven eine weit längere Lebensdauer. Bei trockenen Chrysanthemumblättern, die STEINER (4) aus Südafrika erhielt, konnte er noch nach 22 Monaten lebende, vor der letzten Häutung stehende Larven von *A. ritzemabosi* erhalten. Die sich häutenden Tiere überstanden im geschlechtsreifen Zustand dann noch eine Trockenheit von 3 Wochen. Eigene Versuche mit völlig vertrockneten Chrysanthemumblättern, die abgepflückt im Laboratorium bei durchschnittlich 20° C lagerten und noch nach 25 Monaten in Wasser gelegt wurden, ergaben immer noch eine ansehnliche Zahl Aphelenchen. Diese waren im Wasser zunächst bewegungslos, nahmen aber nach 1 Tag schon wieder ihre schlängelnde Bewegung auf. Eine Häutung wurde bei diesen Tieren, die noch keine Geschlechtsprodukte entwickelt hatten, sonst aber den Männchen und Weibchen glichen, nicht beobachtet. Das Männchen-Weibchenverhältnis, das normalerweise etwa 1:1 beträgt, war hier um das 4fache zugunsten der Männchen verschoben.

Nicht alle Aphelenchen scheinen derart lange Trockenzustände zu überstehen. So schlüpfte *A. olesistus* aus eingesandten kranken Begonienblättern schon nach 1 Monat nicht mehr aus. Es muß hierbei allerdings berücksichtigt werden, daß die zarten Begonienblätter schneller eintrocknen als Chrysanthemumblätter, was für den Parasiten verhängnisvoll werden kann.

Nach eigenen Beobachtungen scheint auch die Einwirkung von Kälte ein Mittel zu sein, die Tiere aus einem Starrezustand wieder ins Leben zurückzurufen. Es ist bekannt, daß Aphelenchen, wenn sie in Wasser zum Ausschlüpfen gebracht worden sind, nach einigen Tagen (je nach dem Grade der in Lösung gegangenen für die Aphelenchen schädlichen Stoffe) in einen Starrezustand fallen; aus diesem können sie nun nach Temperaturerniedrigung auf —3 bis —5° C (Versuche wurden bis —10° C durchgeführt) wieder in eine schlängelnde Bewegung zurückkehren, die mehrere Stunden anhält. Ein später wiederholter Versuch, die Tiere, die sich während der ganzen Versuchsdauer in demselben Versuchsmedium befanden, durch Kälte zu einem zweiten Wiedererwachen zu bringen, schlug jedoch fehl.

d) Einfluß äußerer Faktoren auf die Vermehrung.

Alle epidemiologische Forschung ist in der Erkenntnis verankert, daß gewisse Faktorenkombinationen zu einer Massenvermehrung des Krankheitserregers führen. Es ergibt sich von selbst, daß eine Übervermehrung dort am ehesten einsetzt, wo sich hohe Nachkommenzahl mit kurzer Entwicklungsdauer verbindet. Dies trifft auch für die Nematoden zu. Normalerweise wird aber die theoretisch mögliche Nachkommenzahl stets wieder auf die durchschnittlich vorhandene Zahl zurückgeführt (dynamisches Gleichgewicht), anderenfalls müßte sich die Vermehrung auf die Dauer verheerend auswirken.

Bei der Bewertung der den Massenwechsel der Nematoden beherrschenden Ursachen kommt es aber neben der Kenntnis von dem Vorhandensein oder Fehlen eines Faktors auch auf die Stärke seines Auftretens an. Er muß also quantitativ erfaßt werden. BREMER gibt für den „normalen Vernichtungsquotienten", d. h. für „diejenige Zahl, welche angibt, welcher Anteil der Nachkommenschaft einer Generation normalerweise ausgemerzt werden muß, um den Bestand auf gleicher Höhe zu halten," die Formel $100\,q = \dfrac{100\,a^c - b^c}{a^c}$ an, wobei q den Vernichtungsquotienten, a die durchschnittliche Zahl der Nachkommen eines ♀-Nematoden, b den Anteil der ♀♀ und c die Zahl der Generationen im Jahre angeben. Nach dieser Berechnung müssen jährlich 99,99% der Gesamtnachkommenschaft des von ihm gewählten Beispiels der Rübenfliege, *Pegomyia hyoscyami* PANZ., zugrunde gehen, wenn der Bestand in gleicher Höhe gewahrt bleiben soll. Es ergibt sich aus einer einfachen Überlegung, daß bei den noch weit fruchtbareren Nematoden, in unserem Falle also bei den Aphelenchen, dieser Vernichtungsquotient wenigstens ebenso groß sein muß. Weiterhin liegt in dieser Berechnung aber auch eine Warnung vor einer Überschätzung der Wirkung einzelner Begrenzungsfaktoren. Übersteigt die Gesamtwirkung der Faktoren erst das oben zugrunde gelegte Normalmaß, so kommt es zu einem Abklingen des Normalbefalls; andererseits kann die Abnahme der Intensität eines oder mehrerer Faktoren eine Übervermehrung und damit eine Epidemie hervorrufen. Mit anderen Worten: die Verschiebung eines Faktors muß notwendigerweise das Gleichgewicht stören, falls es nicht gerade durch einen anderen Faktor kompensiert werden kann.

Wir unterscheiden bei den äußeren Faktoren[1] bekanntlich unbelebte (abiotische) und belebte (biotische). Von den erstgenannten hat insbesondere die Feuchtigkeit einen großen Einfluß auf die Vermehrung der Nematoden, da die Aphelenchen erst durch sie zum Auswandern aus den Blättern veranlaßt werden können. So führt z. B. Rozsypal die Massenvermehrung des Chrysanthemumnematoden in Mähren im Jahre 1925 auf die anormal hohen Niederschlagsmengen zurück, die im Juni eine Höhe von 50,1 mm, im August eine solche von 178,1 mm erreichten. Für Deutschland lagen die Verhältnisse in den Jahren 1925—1928 etwa folgendermaßen: Im Jahre 1925 wichen die Niederschlagsmengen mit Ausnahme von Ostpreußen, Pommern und Schleswig-Holstein nur wenig von dem langjährigen Durchschnitt ab[2]. In diesem Jahre wurde nur ein Fall über Schädigungen durch den Chrysanthemumnematoden aus Pommern bekannt (Mitt. Biol. Reichsanst., H. 32, S. 147. 1927). Eine gewaltige Höhe erreichten dagegen die Niederschlagsmengen in den Sommermonaten des Jahres 1926. Selbst in niedrigen Lagen wurden 1000 mm und darüber gemessen[3]. Die in Berlin beobachtete Jahresregenhöhe von 803 mm lag noch um 40 mm höher als die des bisher nassesten Jahres (1882) seit Beginn genauer Messungen im Jahre 1848. Dieser enormen Regenmenge geht ein starkes Auftreten des Chrysanthemumnematoden an zahlreichen Stellen Deutschlands parallel. In und um Berlin blieb kaum ein Gartenbaubetrieb von diesem Nematoden verschont. In manchen Gärtnereien trat die Krankheit so stark auf, daß eine rentable Chrysanthemumkultur nicht möglich war[4]. Ein ähnliches Bild ergab das Jahr 1927, das in den Sommermonaten ebenfalls außergewöhnlich feucht

---

[1] Die im Organismus selbst liegenden (konstitutionellen und dispositionellen) Faktoren sind unbekannt.

[2] Nach Deutscher Witterungsbericht für Dez. 1925, bearbeitet vom Preuß. Meteorologischen Institut.

[3] Nach Deutscher Witterungsbericht für Dez. 1926, bearbeitet vom Preuß. Meteorologischen Institut.

[4] Nach den bei der Biol. Reichsanstalt eingegangenen noch unveröffentlichten Meldungen.

war. „Es muß als einzig dastehend in der Witterungsgeschichte Deutschlands bezeichnet werden, daß in zwei aufeinanderfolgenden Jahren im Flachlande stellenweise Jahressummen von mehr als 1000 mm beobachtet wurden[1]." Der Chrysanthemumnematode trat auch 1927 als ein starker Schädling der Chrysanthemumkulturen besonders in Brandenburg, der Rheinprovinz, dem Rheingau und im Freistaat Sachsen auf. (Über die Höhe der Schädigungen s. S. 47.) Im scharfen Gegensatz hierzu steht das Jahr 1928 mit seinen während der Sommermonate niedergegangenen geringen Niederschlagsmengen. So fiel z. B. in Berlin in den Monaten Juni bis September kaum ein Drittel der Niederschlagsmenge des Vorjahres[2]. Die in diesem Jahre bekannt gewordenen Schädigungen[3] durch den Parasiten sind als äußerst gering zu bezeichnen und vermutlich in der Hauptsache darauf zurückzuführen, daß infolge der Massenvermehrung im Vorjahre die Nematoden die jungen, später zu Stecklingen verwandten Triebe stärker als gewöhnlich befallen hatten.

Wenn das bisher vorliegende Material sich auch nur zunächst auf wenige Jahre erstreckt, so geht doch bereits jetzt klar daraus hervor, daß die Vorbedingung für eine Massenvermehrung des Chrysanthemumnematoden hohe Feuchtigkeit ist. Ähnlich scheint sich auch *A. cocophilus* zu verhalten, denn nach JACKSON soll es in den letzten Jahren wegen der starken Trockenheit zu keiner weiteren Ausbreitung der Krankheit bei den Kokospalmen gekommen sein.

Neben einer gewissen Feuchtigkeitsmenge ist ferner eine geeignete Temperatur erforderlich, um die Entwicklung der Generationen zu beschleunigen. Durch niedrige Temperaturen kann sich selbst bei genügender Feuchtigkeit kaum eine Übervermehrung entfalten. Die günstigste Temperatur scheint bei den einheimischen Aphelenchen zwischen 18° und 20° C zu liegen, unter 10° C kommt die Entwicklung zum Stillstand; bei 1° C wurde Bewegungsstarre festgestellt.

Über den Einfluß verschiedener Bodenarten auf Aphelenchen liegen keine Beobachtungen vor. In der vertikalen Verbreitung im Boden nimmt aber die Zahl der Aphelenchen zur Tiefe hin stark ab. STEWART will schon unterhalb 15 mm keine Blattaphelenchen mehr im Boden gefunden haben. Wenn auch diese Beobachtung einem Zufall zugeschrieben werden kann, so zeigen doch auch die Versuche MARCINOWSKIS (2), daß Aphelenchen, unter die Erde gebracht (die Tiefe ist leider nicht angegeben worden), nicht mehr imstande sind, an die Erdoberfläche zu wandern. In einer Tiefe von mehr als 30 cm scheinen sich

---

[1] Nach Deutscher Witterungsbericht für Dez. 1927, bearbeitet vom Preuß. Meteorologischen Institut.

[2] Nach den monatlichen Witterungsberichten des Preuß. Meteorolog. Instituts.

[3] Nach den bei der Biol. Reichsanstalt eingegangenen noch unveröffentlichten Meldungen.

Blattaphelenchen nach mehrfachen eigenen Beobachtungen jedenfalls nicht mehr aufzuhalten.

Über den Einfluß belebter Faktoren sind wir kaum unterrichtet. Bezüglich der Nahrung sei auf die oben mitgeteilten Ausführungen hingewiesen. Von Feinden kommen teils räuberisch lebende Stammesgenossen, teils höher organisierte Würmer (Oligochäten), Protozoen, Pilze und Bakterien in Betracht. Zu den erstgenannten gehören hauptsächlich verschiedene Arten der Gattung *Mononchus*, die sich aber auch von Rädertieren, Protozoen und kleinen Oligochäten ernähren. Sie verschlingen ihre Beute entweder ganz oder saugen sie aus. Die Gefräßigkeit dieser Nematoden ist zwar nach STEINER & HEINLY und nach THORNE sehr groß; so fraß z. B. nach Beobachtung von STEINER & HEINLY ein Tier an 1 Tage 83 Larven von *Heterodera (Caconema) radicicola*. Die Hauptnahrung besteht jedoch nach den Untersuchungen von THORNE aus freilebenden kleineren Nematoden, besonders aus *Rhabditis*-Arten, die schon im zeitigen Frühjahr in weit größerer Zahl als die Pflanzenparasiten im Boden vorhanden sind. Da ferner die Vermehrung der pflanzenschädlichen Aphelenchen zumeist in den oberirdischen Pflanzenteilen erfolgt, wohin die Mononchen nicht gelangen, so dürfen diese für sie von unerheblicher Bedeutung sein. Von größerer Bedeutung scheinen nach den Untersuchungen von JEGEN die zu den Oligochäten gehörenden Enchyträiden zu sein. Dieser Forscher beobachtete an Erdbeerpflanzen, die durch *Anguillulina dipsaci* und *Aphelenchus „ormeroides"* (wohl *A. fragariae* gemeint) geschädigt waren, Enchyträiden, deren Zahl sich schnell vermehrte, während entsprechend die Zahl der Nematoden abnahm. Auf Grund verschiedener experimenteller Untersuchungen glaubt JEGEN annehmen zu dürfen, daß Enchyträiden und Nematoden sich in ihrem Auftreten an der Erdbeerpflanze gegenseitig ausschließen. Durch Infektion nematodenkranker Pflanzen mit Enchyträiden, die ein Drüsensekret abscheiden, sollen die Aphelenchen zugrunde gehen, wobei ihr Körper in eine schleimige Masse aufgelöst wird, die von den Enchyträiden als Nahrung aufgenommen wird. Auf diese Weise solle die Zahl der Nematoden an einer kranken Erdbeerpflanze so stark vermindert werden können, daß diese älchenfrei und, falls die Schädigung nicht schon stark vorgeschritten war, wieder gesund wird. Ist dagegen die Pflanze bereits geschwächt, so sollen die Enchyträiden das Zerstörungswerk der Nematoden noch beschleunigen. Diese Angaben konnten bisher von anderer Seite noch nicht bestätigt werden und bedürfen daher der Nachprüfung. Die Nutzanwendung, die JEGEN aus seinen Beobachtungen zieht, eine biologische Bekämpfung der Aphelenchen mit Hilfe von Enchyträiden durchzuführen, erscheint mir aber zunächst noch sehr zweifelhaft.

Andere niedere Organismen, wie Sporozoen, Bakterien und Pilze, die als Parasiten meist zwischen Darm und Cuticula bzw. Muskulatur, selten im Darm angetroffen werden und entweder kleine rundliche bis eiförmige oder spindelförmige Gebilde darstellen, sind zwar mehrfach bei Erdnematoden festgestellt worden, aber von untergeordneter Bedeutung. So fand MICOLETZKI (4) unter mehr als 11000 von ihm mikroskopierten Tieren nur 39 Individuen (28 Arten in 19 Genera) parasitiert, darunter einmal einen jungen *A. parietinus.*

Soweit nach diesen Ausführungen unsere Beobachtungen bis jetzt einen Schluß auf die Bedeutung der belebten Faktoren hinsichtlich einer etwaigen Massenvermehrung zulassen, müssen wir erklären, daß diese als sehr gering einzuschätzen sind.

IV. Bekämpfung.

Die Bekämpfung pflanzenschädlicher Aphelenchen ist infolge der versteckten Lebensweise der Parasiten sehr schwierig. Soviele Vorschläge auch gemacht worden sind, so gibt es doch heute noch kein allgemein brauchbares Verfahren. Es ist z. B. von vornherein einleuchtend, daß eine Bekämpfung mit Spritz- oder Räuchermitteln, die sonst oft mit Erfolg gegen Schädigungen pflanzlicher oder tierischer Organismen angewendet wird, bei den innerhalb des Pflanzengewebes lebenden Aphelenchen versagen muß. Die zahlreichen in dieser Richtung unternommenen Versuche, die von MOLZ, MARCINOWSKI, ROZSYPAL und vielen anderen angestellt worden sind, haben die Erfolglosigkeit klar gezeigt. Chemische Stoffe können höchstens als Vorbeugungsmittel eine beschränkte Verwendung finden.

Wir dürfen uns nicht verhehlen, daß alle äußeren Heilverfahren bei der verborgenen Lebensweise der Aphelenchen unvollkommen sind. MOKRZECKI schlug daher vor, entsprechend den in der Human- und Veterinärmedizin benutzten inneren Heilverfahren auch eine innere Therapie der Pflanzen durchzuführen. Der Gedanke, den Pflanzen durch die Wurzeln Stoffe zuzuführen, die geeignet sind, die Lebensbedingungen der im Innern lebenden Parasiten ungünstig zu gestalten, hat zwar vieles für sich. So verwendete MOLZ gegen den Chrysanthemumnematoden Eisensulfat, Pikrinsäure, Alaun und arsenige Säure, HEBENSTREIT gegen *A. olesistus* bei Lorraine-Begonien Pikrinsäure. Eigene Versuche wurden mit Methylenblau, Eosin, Methylgrün, Bismarckbraun, Kaliumchromat und Uspulun in verschiedenen Konzentrationen (0,0001—1%) gegen den Chrysanthemumnematoden durchgeführt. Mit Ausnahme von HEBENSTREIT, der bei den Begonien einen Erfolg erzielt haben will, haben die Versuche aber bisher noch zu keinem brauchbaren Ergebnis geführt. Ja, es trat zuweilen eher eine Schädigung der Pflanzen als ein Absterben der Parasiten ein.

Fehlt somit zur Zeit noch ein wirksames Mittel zur direkten Bekämpfung der Aphelenchen im Großbetriebe, so mögen dennoch einige Wege erwähnt werden, die es zuweilen ermöglichen, einzelne wertvolle erkrankte Pflanzen zu erhalten. Bei dem ersten von MARCINOWSKI (3) angegebenen und von SCHWARTZ und anderen Autoren verbesserten Tauchbadverfahren werden die Pflanzen 10 Minuten lang mit ihren oberirdischen Teilen in Wasser von 50⁰ C untergetaucht. Bei empfindlichen Pflanzen, wie Farnen und Begonien, kommt es zwar hierbei infolge der starken Erwärmung zu einem Absterben der vorhandenen Blätter und Blüten, doch treiben die behandelten Pflanzen gesunden Nachwuchs, der zur Vermehrung benutzt werden kann. Das zweite von SCHWARTZ (2) empfohlene Verfahren sieht ein Tauchbad von 18—20⁰ C vor, das während 1 Woche täglich etwa 1 Stunde lang anzuwenden ist. Gleichzeitig ist bei beiden Verfahren auch eine Desinfektion des Bodens mit Wasser von 70⁰ C vorzunehmen. Bei manchen Pflanzen, namentlich solchen mit derben Blättern, werden aber selbst durch diese beiden Verfahren die in den Blättern lebenden Nematoden nicht zum Absterben gebracht.

Wenn allgemein für den Pflanzenschutz das Sprichwort „vorbeugen ist besser als heilen" gilt, so trifft es in Anbetracht fast gänzlich fehlender direkter Bekämpfungsmaßnahmen für die Verhinderung von Nematodenschäden ganz besonders zu. Von vorbeugenden Maßnahmen käme zunächst für manche Pflanze ein mechanisches Fernhalten der Parasiten in Betracht. Die ersten Versuche in dieser Richtung stellte bereits MARCINOWSKI an, indem sie einen Vaselinring um den Stengel von Begonien legte. Spätere von mir mit Raupenleim durchgeführte Versuche fielen bei Chrysanthemen bisher befriedigend aus (s. S. 49) und dürften vielleicht auch bei anderen Pflanzen erfolgversprechend sein. Bei vielen Pflanzen, deren Blätter aber den Boden berühren, ist dieses Verfahren natürlich nicht anwendbar, ebensowenig in solchen Fällen, in denen die Aphelenchen im Innern des Gewebes wandern. Chemische Mittel, wie Ammoniak und Nikotinpräparate, eignen sich zuweilen als Vorbeugungsmittel gegen einen Befall, worüber Näheres im speziellen Teil mitgeteilt ist. Ist man gezwungen, von erkrankten Pflanzen Stecklinge zu nehmen, so empfiehlt STEWART (S. 177) ein Bedecken der Pflanzen mit wenigstens 5 cm Erde und tägliches Gießen mindestens eine Woche lang. Während dieser Zeit sollen dann die Aphelenchen die Pflanzen verlassen und in die Erde wandern. („. . . It is unlikely that any Aphelenchi will remain of the plant.") Auch findet bei Anwendung feuchter Wärme zwar immer eine Auswanderung der Tiere statt, doch ist diese nach Versuchen MARCINOWSKIS (3, S. 143) niemals vollständig. Bei Knollengewächsen empfiehlt sich eine Heißwasserbehandlung der Knollen für 2—3 Stunden bei einer Temperatur von etwa 55⁰ C, wie sie auch zur Bekämpfung des Stockälchens (*Anguillulina dipsaci* KÜHN) angewandt wird.

Ist die Krankheit bereits ausgebrochen, so müssen die erkrankten Pflanzenteile entfernt bzw. ausgeschnitten und verbrannt werden. Keinesfalls sind sie am Boden liegen zu lassen oder auf den Kompost zu werfen. Durch diese Maßnahme kann im allgemeinen der Parasit nur in der Schnelligkeit seiner Ausbreitung behindert, nicht aber vernichtet werden. Tritt die Krankheit bereits sehr stark auf, so ist eine Erhaltung der befallenen Pflanzen nicht mehr möglich. Diese werden, um die Weiterverbreitung zu vermindern, am besten verbrannt. Töpfe und andere Gebrauchsgegenstände sowie Tische, Blumenbretter und dergleichen sind mit kochendem Wasser zu desinfizieren. Die gebrauchte Topferde soll nicht direkt auf den Komposthaufen gebracht werden, wo sie eine neue Infektion veranlassen kann, sondern durch Einleiten von überhitztem Wasserdampf desinfiziert oder flach ausgebreitet mit kochendem Wasser übergossen werden. Vielfach wird auch eine Behandlung der Erde mit Schwefelkohlenstoff empfohlen, die zu diesem Zweck in einen dicht schließenden Blechbehälter gefüllt wird, wobei man auf 1 cbm Erde 1 Liter Schwefelkohlenstoff rechnet. Dieser hat aber, wie zahlreiche Versuche ergeben haben, wegen seiner Flüchtigkeit besonders im Freiland nicht immer eine genügend tödliche Wirkung. Günstiger scheinen sich schon wasserlösliche Schwefelkohlenstoffemulsionen zu verhalten, wie sie MOLZ zuerst vorgeschlagen hat; doch liegen hierüber noch nicht genügend Erfahrungen vor, die die Brauchbarkeit solcher Mittel rechtfertigen. Bei der Bekämpfung der Wurzelnematoden (*Heterodera* [*Caconema*] *radicicola* GREEFF) in Gewächshäusern wollen jedoch SCHAFFNIT und WEBER einen Erfolg mit einem Schwefelkohlenstoff-Sapikatgemisch im Verhältnis 4 : 1 erzielt haben, das auf das 5fache seines Volumens mit Wasser verdünnt wird und mit Gießkannen aufzugießen ist. Die Kosten für die Behandlung eines 200 qm großen Hauses stellen sich dabei auf etwa 70 RM. Vielleicht bewährt sich statt dieses noch teuren Verfahrens bei Aphelenchen auch eine 3proz. wässerige Ammoniaklösung. Andere nicht zu kostspielige Bodendesinfektionsmittel sind, soweit sie geprüft wurden, entweder als unwirksam befunden worden oder sie schädigen das Pflanzenwachstum.

Günstige Resultate dürfte man ferner durch tiefes Umgraben des Bodens erzielen (MARCINOWSKI 3). Nach mehreren Beobachtungen scheint diese Maßnahme geeignet zu sein, die in den oberen Bodenschichten sich aufhaltenden Aphelenchen zum Absterben zu bringen. Zum Einfüllen in Töpfe soll daher auch nur Erde aus wenigstens 20—30 cm Tiefe gewählt werden.

Die bekannte Erscheinung, daß Nematoden gegen Hitze sehr empfindlich sind, haben GUINESS und RICHARDS (nach GOODEY 1) zum Bau einer Vorrichtung veranlaßt, die äußerlich einem Pflug gleicht, der die obere

Erdschicht aufnimmt und in einer besonderen sich drehenden Vorrichtung der Hitze unterwirft, aus der die sterilisierte Erde dann wieder herausfällt. Diese Maschine ist allerdings nie auf den Markt gekommen. Nach Ansicht GOODEYS dürfte aber dieses Verfahren für Gegenden, die sehr stark unter Schädigungen zu leiden haben, wie z. B. die ausgedehnten Erdbeerkulturen in gewissen Bezirken Englands, erfolgversprechend und auch wirtschaftlich tragbar sein. In schweren immer wiederkehrenden Schadensfällen kann allerdings nur eine Änderung in der Fruchtfolge angeraten werden.

In Gewächshäusern ist eine Bekämpfung der Aphelenchen eher durchführbar als im Freiland, wo Regen und Taubildung das Wandern begünstigen. Hier tragen auch Maßnahmen, wie nicht zu häufiges Begießen der Pflanzen nur am Fußende und Vermeiden jeglicher Berührung von kranken und gesunden Pflanzen, zur Verminderung des Schadens bei. Vor allem ist auch darauf zu achten, daß sich kein Kondenswasser bildet, das auf die Pflanzen tropft.

Mit kurzen Worten sei noch auf die Möglichkeit einer biologischen Bekämpfung der Aphelenchen eingegangen. Wie bereits (S. 22) mitgeteilt, haben die Nematoden zwar eine große Zahl Feinde, die teils verwandten Arten, teils anderen Tierklassen oder dem Pflanzenreich angehören; ihre Bedeutung ist aber durchweg sehr gering. Immerhin glauben manche Forscher, wie besonders COBB, daß Massenzuchten räuberisch lebender Nematoden und ihre künstliche Ausbreitung im Laufe der Jahre für die Bekämpfung schädlicher Nematoden einmal von praktischem Wert sein können.

Der Verbreitung der Aphelenchen können Regen, Wind und tierische Organismen (Insekten) oft förderlich sein. Während eine Verschleppung durch Sämereien kaum in Frage kommt, ist die Möglichkeit einer Verbreitung bei einem Versand von Pflanzen sehr groß, so daß sie auch für den internationalen Handel von Bedeutung wird. Es fragt sich daher: Kann durch irgendwelche gesetzliche Maßnahmen der Staaten die Verbreitung der Nematodenkrankheiten eingeschränkt werden? Abgesehen von den entstehenden Kosten würde die Einrichtung eines solchen Überwachungsdienstes auf große Schwierigkeiten stoßen, da einmal die Diagnostizierung der Krankheit sehr zeitraubend ist, zum anderen die Parasiten auch mit der anhaftenden Erde verschleppt werden können und somit eine Verhütung der Einschleppung von Nematodenkrankheiten illusorisch machen. Aus diesen Gründen erscheint es vorteilhafter, wenn jeder Züchter die von ihm erworbenen Pflanzen zunächst einige Zeit in Quarantäne unter genauer Beobachtung hält und sie erst, wenn sie sich als gesund erwiesen haben, seinen eigenen Beständen einverleibt. Auch dürfte, worauf RITZEMA-BOS bereits 1900 hingewiesen hat, die regelmäßige Ausübung eines phytopathologischen Dienstes, wie er in

Holland seit 1899 durchgeführt wird[1], mehr Nutzen bringen als Einfuhrverbotgesetze, die — wenigstens in diesem Falle — für Handel und Pflanzenzucht außer verschiedenen Nachteilen nur einen überdies noch sehr unsicheren Vorteil zur Verhinderung der Einschleppung pflanzenschädlicher Nematoden bringen.

V. Technik.

a) Untersuchungsmethoden.

Die Aphelenchen sind am leichtesten in frischem Pflanzenmaterial aufzufinden. Zu diesem Zweck werden älchenkranke Blätter, die man zweckmäßig etwas zerzupft, in eine kleine Schale mit Wasser gebracht, so daß ihre Ober- und Unterseite vollkommen benetzt wird. Schon nach einigen Minuten beginnen die Nematoden aus den Blättern auszuwandern und in der Flüssigkeit frei umherzuschwimmen oder am Boden der Glasschale zu kriechen. Gallen, Stengel und sonstige Hartgebilde müssen natürlich zerschnitten werden, da durch bloßes Einlegen in Wasser die Nematoden erst nach längerer Dauer aus ihnen auswandern.

Ein anderes Verfahren, auf leichte Art eine größere Menge Aphelenchen zu erhalten, ist folgendes: Man bringe nematodenkranke Blätter in einen mit Wasser gefüllten Trichter, dessen unteres Ende mit einem Stück Gummischlauch und einem Quetschhahn versehen ist. Nach einigen Stunden haben sich die Nematoden am Ende der Trichterröhre angesammelt und können durch kurzes Öffnen des Quetschhahnes von hier aus auf Objektträger oder in ein Gefäß gebracht werden.

In getrocknetem oder in Flüssigkeiten konserviertem Material sind die Nematoden schwerer, und zwar meist nur in Zupfpräparaten aufzufinden.

Messungen sind nach Möglichkeit nur an lebenden oder frisch getöteten Tieren vorzunehmen. Die Nematoden werden mit einer Pipette auf den Objektträger gebracht und mit einem Deckglas bedeckt. Es ist dafür Sorge zu tragen, daß sich eine ausreichende Wassermenge unter dem Deckglas befindet, da anderenfalls Quetschungen auftreten können. Um diese zu vermeiden, können auch je zwei dünne Glasnadeln von 0,06 mm Dicke unter das Deckglas gelegt werden.

Da Messungen nur an unbeweglichen Tieren durchgeführt werden können, erwärmt man den Objektträger mit dem Präparat einen kurzen Augenblick über einer kleinen Flamme. Die Nematoden werden hierdurch in einen Starrezustand versetzt und strecken ihren Körper.

Um die Aphelenchen für das Studium des inneren Körperbaues durchsichtig zu machen, empfiehlt SCHWARTZ (2) das Überführen der Tiere in eine verdünnte (1:10) Lösung von Eau de Javelle, in der sie $1/_2$—2 Stunden je nach ihrer Undurchsichtigkeit belassen werden. Die Aufhellung ist am besten unter der Lupe oder dem Mikroskop zu überwachen. Sind die Tiere durchsichtig geworden, so wird die Flüssigkeit abpipettiert und durch destilliertes Wasser ersetzt, das noch mehrmals zu wechseln ist.

---

[1] Dieser hat die Aufgabe, nach Möglichkeit alle Handelsgärtnereien, Baumschulen, Blumenzüchtereien usw. zu besuchen. Zur Mitarbeit können auch Wanderlehrer für Landwirtschaft und Gartenbau herangezogen werden.

b) Konservierungsmethoden.

Zur Herstellung von Dauerpräparaten werden die Tiere, nachdem man sie in nicht zu flache Schälchen gebracht und das Wasser nach Möglichkeit abgesaugt hat, mit kochender Loss'scher Flüssigkeit (1 Teil Glycerin auf 9 Teile Alkohol 70%) übergossen. Sodann bleibt die Schale 2—3 Tage bei Zimmertemperatur offen, jedoch vor Staub geschützt, stehen. In dieser Zeit verdunstet der Alkohol, und die Tiere befinden sich nachher in nahezu reinem Glycerin, aus dem sie mit einer Präpariernadel auf Objektträger übertragen und in Glycerin oder Glyceringelatine eingeschlossen werden können. Als Deckglasverschluß empfiehlt sich Krönigscher Kitt.

Hetherington (2) gibt zum Fixieren von Nematoden einige neue Methoden an. Das frische Material wird in ein Carnoy-Phenolgemisch gebracht, das aus Alkohol abs. (20 ccm), Chloroform (15 ccm), Eisessig (5 ccm) und Phenolkristallen (10 ccm) besteht. Da diese Mischung sehr ätzend und wasserfrei ist, muß sie in einer verschlossenen Glasflasche aufbewahrt werden und soll nicht älter als 2 Wochen sein, da eine Esterbildung den Fixierungsprozeß herabsetzt. Dieses Gemisch fixiert meist sehr gut und kann auch angewandt werden, wenn das Material vorher in Alkohol, Glycerin, Lactophenol oder Formalin gelegen hat. Sind die Tiere genügend aufgehellt, so wird langsam ein Gemisch von Wintergrün- und Zedernholzöl oder Chloroform hinzugesetzt und durch Umrühren gemischt. Ist das Gemisch ziemlich klar geworden, so kann der größere Teil abpipettiert und durch ein frisches Ölgemisch ersetzt werden. Nach 10 bis 15 Minuten können die Tiere entweder in Kanadabalsam eingeschlossen oder mit Paraffin nach der üblichen Methode durchtränkt werden. Es ist wichtig, daß der ganze Prozeß nicht überstürzt wird, da infolge der verschiedenen Dichte der einzelnen Einschlußmedien leicht Spannungen auftreten können, die entweder zu einer Schrumpfung des Nematodenkörpers oder zur Bildung von Hohlräumen in seinem Innern führen können.

Für besonders kleine Nematoden empfiehlt Hetherington nach Fixierung im Phenolgemisch als Intermedium die Gilsonsche Methode mit Camsal (Lösung von Salol-Phenylsalicylat und Kampfer; n = 1,536) und als Einschlußmedium Camsalbalsam[1].

Weitere günstige Fixierungsmethoden sind Carnoygemisch (Eisessig 1 T., Alkohol abs. 6 T., Chloroform 3 T.) oder heiße Lösungen von dünnem Äthylalkohol (May). Von 6 zu 6 Stunden ist die Konzentration des Alkohols um 5—10% zu steigern. Will man die Tiere färben, wobei aber in vielen Fällen die Feinheiten in der Struktur verloren gehen können, so wählt man nach H. G. May Delafields oder Böhmers Hämatoxylin in 70 proz. Alkohol, sodann eine schwache Lösung von Kalium- oder Natriumazetat in 75—80 proz. Alkohol, weiterhin absoluten Alkohol, $^1/_3$ Xylol in Alkohol abs., $^2/_3$ Xylol in Alkohol abs. und reines Xylol; zuletzt legt man die Objekte in Wintergrünöl, in dem trockener Kanadabalsam zum Lösen gebracht wird, bis die Konsistenz für den Einschluß richtig ist.

An Stelle von Hämatoxylin benutzt Stewart Hämalaun und differenziert nachher mit 70 proz. Alkohol. Diese Methode hat sich nach eigenen Erfahrungen bestens bewährt. Zum Einbetten in Paraffin werden die Tiere in Chloroform gebracht. Will man Schnitte färben, so empfiehlt Stewart Thionin und Eosin.

---

[1] Wegen der Herstellung dieses und anderer Fixierungs-, Färbungs- und Einschlußmedien siehe Mayer, P.: Zoomikrotechnik. Berlin: Borntraeger 1920.

Von Vitalfarbstoffen haben sich nach Cobb (15) Methylviolett und Neutralrot bewährt, die den Ösophagus violett, den Darm rot färben.

Zum Aufbewahren von Nematoden und nematodenhaltigen Pflanzenteilen in Flüssigkeit kann eine 3 proz. Formalinlösung verwendet werden.

c) Künstliche Zucht.

Soweit es sich um saprophytisch lebende Nematoden handelt, ist die Zucht im allgemeinen sehr leicht mit faulenden tierischen Stoffen oder in flüssigen Kulturmedien, wie Gelatine- oder Peptonlösung, durchzuführen. Bei halbparasitisch lebenden Nematoden hat man mit gutem Erfolg Nähragar als Kulturboden benutzt, wie z. B. die Versuche von Hilgermann und Weissenberg sowie von Chandler gezeigt haben. Durch zeitiges Umimpfen auf frische Böden kann eine stärkere Verunreinigung mit Bakterien und Pilzen verhindert werden. Die gleiche Methode haben auch Berliner und Busch für die Zucht eines echten Parasiten, des Rübennematoden (*Heterodera schachti* Schm.), angewandt, bei der es ihnen gelang, den Rübennematoden bis zur Cystenbildung zu züchten. Noch günstiger war nach eigenen Erfahrungen für manche „Halbparasiten" die Zucht auf gequollenen Reiskörnern.

Die künstliche Zucht parasitisch lebender Aphelenchen stieß dagegen bisher auf große Schwierigkeiten. Trotz mehrfacher Versuche ist es z. B. Staniland nicht gelungen, *A. fragariae* auf Agarböden zu züchten. Auch eigene Versuche führten bisher noch zu keiner brauchbaren Methode. Diese bestehende Lücke auszufüllen, wird erstrebenswert sein, da nur auf diesem Wege exakte Untersuchungen über manche biologische und entwicklungsgeschichtliche Fragen anzustellen sind.

d) Bestimmungsmethoden und -tabelle.

Die Bestimmung der Aphelenchen erfordert infolge der oft geringen Unterscheidungsmerkmale große Sorgfalt. Im allgemeinen gibt schon die Art der Wirtspflanzen einen Fingerzeig über die wahrscheinlich vorliegende Art, doch kann dieser Weg der Artbestimmung auch irreführen, da nicht selten Aphelenchen an Pflanzen auftreten können, die normalerweise als Wirte für sie nicht in Betracht kommen.

Von den verschiedenen Ausdrucksmöglichkeiten zur Trennung der einzelnen Arten mögen die beiden gebräuchlichsten beschrieben werden. Die erste Art der Darstellung, die von de Man eingeführt wurde, besteht in der Wiedergabe des Verhältnisses der Körperlänge zur Größe anderer Körperteile. Es bezeichnen:

$$\alpha \; \frac{\text{Körperlänge}}{\text{Größte Körperbreite}}$$

$$\beta \; \frac{\text{Körperlänge}}{\text{Ösophaguslänge}} \; 1$$

$$\gamma \; \frac{\text{Körperlänge}}{\text{Schwanzlänge}} \; 2$$

---

[1] Ösophaguslänge, gemessen vom Kopfende bis einschließlich Ösophagusbulbus (da eine scharfe Begrenzung des hinteren Ösophagusabschnittes vom Darm nicht vorhanden ist).

[2] Schwanzlänge, gemessen vom After bis zum Schwanzende.

Diesen relativen Maßen wurden später von anderen Autoren noch drei weitere hinzugefügt, von denen

$$\delta \, \frac{\text{Körperlänge}}{\text{Entfernung der Vulva von der Schwanzspitze}}$$

$$\varepsilon \, \frac{\text{Körperlänge}}{\text{Entfernung des Excretionsporus vom Kopfende}}$$

$$\zeta \, \frac{\text{Ösophaguslänge}}{\text{Mundstachellänge}}$$

bezeichnen. Es ergibt sich aus einer einfachen Überlegung, die auch durch die Erfahrung bestätigt wird, daß der Wert α mit der absoluten Körperlänge sehr stark variieren muß. Diese Zahl darf daher als alleiniges Unterscheidungsmerkmal einander nahestehender Nematodenformen nicht gelten, sondern es müssen vor allem die übrigen Verhältniszahlen, die sich innerhalb einer geringeren Variationsbreite bewegen und daher als relativ konstant angesehen werden können, in Rücksicht gezogen werden.

Die zweite von Cobb eingeführte und hauptsächlich von den amerikanischen Forschern benutzte Methode bringt in einer Formel die Länge und Breite des Nematodenkörpers an bestimmten konstanten Stellen in Prozenten zur Gesamtlänge des Tieres zum Ausdruck. Die Maße werden von den Nematoden in Seitenlage genommen, und zwar werden die Längenmaße in den Zähler, die Breitenmaße in den Nenner der Formel gesetzt. Die erste Zahl bezeichnet die Länge bis zur Basis der Mundhöhle bzw. die hier vorhandene Breite in Prozenten zur Gesamtlänge, die zweite gibt die Länge bis zum Nervenring bzw. die hier auftretende

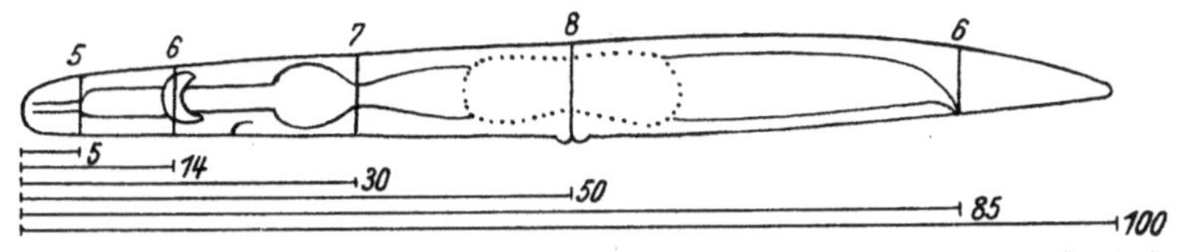

Abb. 10. Schema zur Erläuterung der Cobbschen Formel. Erklärung siehe Text. (Nach Cobb 3.)

Breite, die dritte den Prozentwert am Ösophagusende, die vierte beim ♀ die Lage der Vulva, beim ♂ die Körpermitte (M) und die fünfte den Abstand des Afters vom Vorderende bzw. die Körperbreite an dieser Stelle an. Das Vorhandensein, die Lage und die Ausdehnung bestimmter Organe kann in der Formel noch durch gewisse sich selbst erklärende Zeichen ausgedrückt werden. So sind in der untenstehenden Formel der Excretionsporus, die Seitenmembranen und die relativen Maße der vorderen und hinteren Gonaden (ebenfalls in Prozenten zur Gesamtlänge des Körpers) eingefügt. Zur Erläuterung der Angaben diene das obige Schema (Abb. 10).

Die Formel lautet in diesem Falle:

$$\frac{5 \quad 14 \quad 30 \quad {}^{10}50^{10} \quad 85}{5 \quad 6_{/} \quad 7 \quad 8 \quad 6} \; \mathrm{1mm.}$$

Da bei Aphelenchen eine deutliche Abgrenzung des Ösophagusabschnittes zum Darm fehlt, die Ösophaguslänge daher nur bis zum Bulbus gerechnet wird, ergibt sich bei den Maßzahlen folgende Reihenfolge: hinteres Mundstachelende, hinteres Ende des Ösophagusbulbus, Nervenring, Vulva, After.

Der Vorteil dieser Methode gegenüber der ersteren besteht darin, daß in der Formel zugleich die Organisation des Nematoden zum Ausdruck gebracht werden kann. Da sie aber nichts über die Variationsbreite aussagt, hat sie nur einen bedingten Wert und ist für Bestimmungszwecke sogar ziemlich umständlich.

Die geringen Unterschiede besonders bei den einheimischen pflanzenschädlichen Aphelenchen verleiten selbst den Spezialisten zuweilen zu der Annahme, „Erdbeer-", „Chrysanthemum-" und „Farnälchen" als eine einzige Art anzusehen. COBB (14) und STEINER (8, S. 68) fordern daher auch eine erneute sorgfältige Nachbestimmung und einen Vergleich der von verschiedenen Wirtspflanzen stammenden Aphelenchen, der durch exakte Infektionsversuche unterstützt werden müßte.

COBB (14) schlägt neuerdings vor, die Gattung *Aphelenchus* in folgende drei Untergattungen zu trennen:

1. *Aphelenchus*, subgenus nov. ♂ meist unbekannt; ♀ wenigstens in einigen Fällen ♂- und ♀-Gameten in einer Keimdrüse bildend (syngonisch); mit plumpem abgerundetem Schwanzende.
   Typus: *Aphelenchus avenae* BASTIAN.
2. *Schistonchus* subgenus nov., eine kleine Gruppe, bei der der Stachel vom Beginn des hinteren Drittels bis zur Basis Λ-artig gespalten ist.
   Typus: *Aphelenchus caprifici* (GASPARRINI) COBB 1927.
3. *Pathoaphelenchus* subgenus nov. Enthält die Mehrzahl der Arten. Schwanz mehr oder weniger zugespitzt.
   Typus: *Aphelenchus* („*modestus*") *parietinus* BAST.

Bestimmungstabelle.

1. a) Mundstachel typisch aphelenchusartig, mehr oder weniger deutlich geknöpft 2
   b) Mundstachel vom letzten Drittel bis zur Basis gegabelt.
   Aphelenchus (Schistonchus) caprifici
2. a) Schwanz mehr oder weniger zugespitzt, oft mit terminalem Fortsatz.
   Subgenus *Pathoaphelenchus* 3
   b) Schwanz mit plump abgerundetem Schwanzende; ♂ unbekannt; syngonisch . . . . *A. avenae*
3. a) Mundende mit deutlichen Chitinstücken. 4
   b) Mundende ohne Chitinstücke oder Rahmenwerk 8

4. a) Mundende mit 3 Chitinstücken. 5
   b) Mundende trägt ein zusammenhängendes Rahmenwerk; an Kokospalmen . . . . *A. cocophilus*
5. a) Schwanz beim ♂ meist nur wenig gekrümmt (ein Kreissegment von etwa 60⁰ bildend); Excretionsporus mündet auf der Höhe des vorderen Nervenringrandes 6
   b) Schwanz beim ♂ stark gekrümmt (Kreissegment bis 180⁰); Excretionsporus mündet hinter dem Nervenring 7
6. a) Sehr schlank (α beim ♀ 58—62, beim ♂ 53) . . . . *A. pseudolesistus*
   b) Weniger schlank (α beim ♀ 32—55, beim ♂ 37—45).
      1. Ösophagus normale Länge (β beim ♀ 9—12, beim ♂ 8—9). An Farnen, Begonien und anderen Zierpflanzen . . . . *A. olesistus*
      2. Ösophagus länger (β beim ♀ 7—9, beim ♂ 6—8. An Veilchen.
                                                      A. olesistus var. *longicollis*
7. a) ♀ höchstens 920 μ, ♂ 840 μ lang. An Erdbeere . . *A. fragariae*
   b) ♀ und ♂ größer.
      1. Besonders an Chrysanthemen und Dahlien . . . . *A. ritzemabosi*
      2. An schwarzen Johannisbeersträuchern . . . . . . *A. ribes*[1]
      3. In Narzissenknollen . . . . *A. subtenuis*[1]
8. a) Schwanzende in eine lange feine Spitze auslaufend 9
   b) Schwanzende schlank bis plump endigend; mit kurzem Fortsatz . . 10
9. a) Postvulvärer Uterusabschnitt vorhanden, zuweilen rudimentär.
      1. ♂ mit Schwanzpapillen . . . . *A. tenuicaudatus*
      2. ♂ ohne Schwanzpapillen . . . . *A. longicaudatus*
   b) Postvulvärer Uterusabschnitt fehlend . . . . *A. demani*
10. a) Schlanke Tiere (α beim ♀ 45—78, beim ♂ 43—65). Schwanzfortsatz gleichmäßig fein ausgezogen . . . . *A. helophilus*
    b) Plumpere Tiere (α beim ♀ 23—43, beim ♂ 25—47). Schwanzfortsatz kurz und gedrungen.
       1. Postvulvärer Uterusabschnitt vorhanden; Excretionsporus vor dem Nervenring, wenig oder höchstens eine Bulbuslänge vom Bulbus entfernt . . . . *A. parietinus*
       2. Postvulvärer Uterusabschnitt fehlend; Excretionsporus hinter dem Nervenring; Kopfende nicht abgesetzt . . . . . *A. chamelocephalus*

---

[1] Morphologisch wahrscheinlich mit *A. ritzemabosi* identisch.

Spezieller Teil.

I. Echte Pflanzenparasiten.

a) *Aphelenchus fragariae* Ritzema-Bos 1891.

Synonyma: *A. ormerodis* (Ritz.-Bos) Marc. 1908 part.
A. ormeroides Jegen 1920 (?).

Historisches. Ritzema-Bos (2) fand diesen Nematoden in Erdbeerpflanzen, die ihm von Miß Ormerod aus England im Jahre 1890 zuge-
sandt worden waren. Die Krankheit trat hier auf einem Felde auf, das
im Jahre zuvor mit Erdbeerpflanzen bestellt gewesen war. Über die Morphologie des Nematoden konnte Ritzema-Bos nur unvollständige Angaben machen; sie genügten jedoch, um die Art als solche später wieder
zu erkennen. Ausführlich wurden dagegen die Krankheitserscheinungen
beschrieben. Die hierbei auftretende starke Verästelung des Hauptstengels, der in eine Anzahl kurzer dicker Äste mit oft dicht beieinander-
stehenden Knospen übergeht, gab Veranlassung, dieses Gebilde mit einem
Stück Blumenkohl zu vergleichen und die Krankheit als „Blumenkohlkrankheit" der Erdbeerpflanzen zu bezeichnen. Cobb (1), der die Krankheit fast gleichzeitig beobachtete, nannte sie „strawberry bunch". Weiterhin hat sie Schøyen 1903 bei Hardanger, 1926 an mehreren Stellen in
Norwegen festgestellt. Marcinowski (2) erhielt erkrankte Erdbeerpflanzen aus verschiedenen Teilen Deutschlands und suchte durch eine vergleichende Untersuchung die Identität von *A. fragariae*, *A. ormerodis* und
A. olesistus (vgl. diese) nachzuweisen, die sie unter dem Namen *A. ormerodis* Ritzema-Bos zusammenfaßte. Schwartz (2) jedoch kam bei einer
Nachprüfung zu dem Schluß (S. 326), daß *A. fragariae* auf Grund seiner
relativen Maße mit den beiden anderen Formen „nicht unbedingt" iden-
tifiziert werden kann. Er sei daher, „ebenso wie *A. ormerodis*, zu den ungenügend beschriebenen und daher zweifelhaften Arten zu zählen".
de Man, der die von van Poeteren in den Jahren 1920/21 in Erdbeeren gefundenen und als *A. ormerodis* Marc. (= *fragariae* Ritz.-Bos)
bezeichneten Aphelenchen näher untersuchte, hält sogar eine Identität
des Nematoden mit *A.* (*modestus* de Man) *parietinus* Bastian (vgl.
S. 82) nicht für ausgeschlossen. Spätere Autoren, wie Stewart, Ballard & Peren und Goodey (1, 3), halten den Parasiten wieder für
eine echte Art und sehen in ihm den Erreger der „Blumenkohlkrankheit"
(engl. „cauliflower") und einer in England unter dem Namen „red plant"

bekannten Verfärbung der Blätter, deren ursächlicher Zusammenhang mit dem Parasiten von HODSON & BEAUMONT (1) sowie von BALL, MANN & STANILAND freilich noch für fraglich angesehen wird.

Morphologie. Der sich an beiden Enden verjüngende, etwa $^3/_4$ mm messende Nematode (Abb. 11a) gleicht in seinen anatomischen Eigenschaften sehr dem Chrysanthemumnematoden, von dem er sich hauptsächlich durch die geringere Körpergröße und -breite unterscheidet. An der ein wenig wulstig vorgewölbten Kopfkappe können bei scharfer Einstellung sechs die Mundhöhle umgebende und miteinander verwachsene Lippen erkannt werden. Der 8—9,5 μ lange deutlich geknöpfte Mundstachel hat ein enges Lumen, ist aber sehr dickwandig und erscheint daher dünn und fein. Er verläuft vorn in drei Führungsleisten, die als schmale Chitinstücke oft nur schwach erkennbar sind. Dem Mundstachel schließt sich der vordere Ösophagusabschnitt an, dessen Länge einschließlich des Bulbus $^1/_{11}$—$^1/_{15}$ der Gesamtlänge mißt. Innerhalb des Bulbus sind oft die an seiner Innenwand

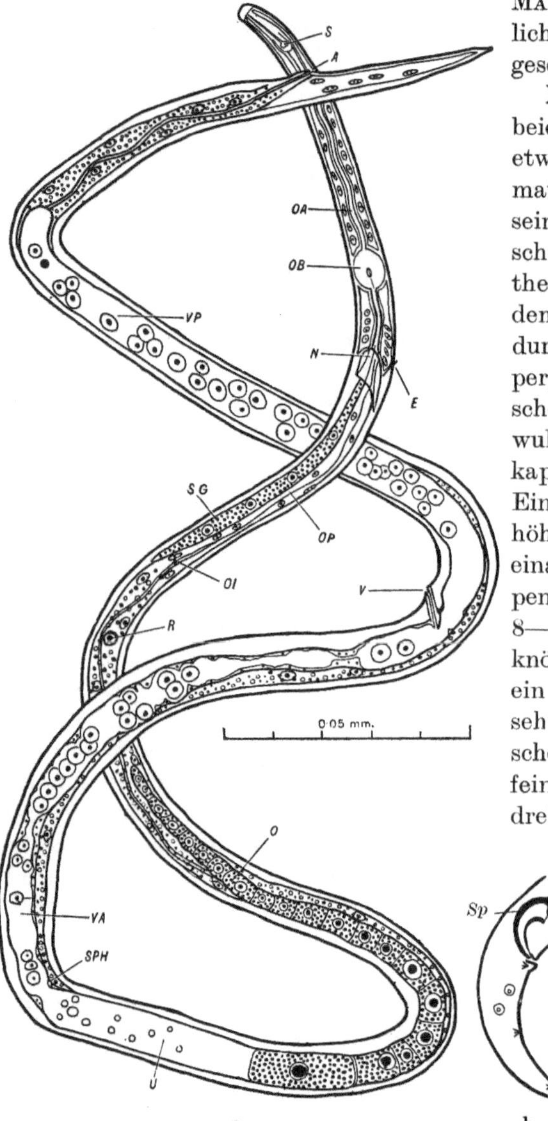

Abb. 11. *A. fragariae.* a Weibchen, b Schwanzende des Männchens. Erklärung: *A* After, *E* Excretionsporus, *N* Nervenring, *O* Ovar, *OA* vorderer Ösophagus, *OB* Ösophagusbulbus, *OI* Verbindung von Ösophagus mit Darm, *OP* hinterer Ösophagus, *R* Excretionszelle, *S* Stachel, *SG* Speicheldrüse, *Sp* Spiculum, *SPH* Sphinkter, *U* Uterus, *V* Vulva, *VA* vordere Vagina, *VP* hintere Vagina. (Nach STEWART.)

gelegenen Zellkerne zu erkennen, die durch dünne Zellwände getrennt sind. Dem scharf begrenzten Bulbus schließt sich mit einem mehr oder weniger breiten Ansatz der hintere Teil des in den Darm übergehenden Ösophagus an. Dorso-lateral von ihm liegen die drei Speicheldrüsen. Fast auf ihrer halben Höhe mündet kurz hinter dem Nervenring der Excretionsporus nach außen. Der mit Tröpfchen und Körnchen angefüllte Darm ist abgeplattet und im Gegensatz zu dem runden Querschnitt des hinteren Ösophagusabschnittes schlitzförmig. Das nun folgende Schwanzende ($\gamma = 15$—20) verschmälert sich gleichmäßig, verläuft beim ♀ wenig, beim ♂ stark gebogen und endigt in einer Schwanzspitze, die bald mehr fein zugespitzt, bald mehr abgestumpft sein kann. Immer aber ist sie vorhanden. Die oft nur schwach angedeuteten Schwanzpapillen beim ♂ sind zumeist übersehen worden. Nach GOODEY (3) sind aber drei Paar von ihnen vorhanden, von denen ein Paar adanal oder unmittelbar postanal, ein zweites kurz hinter der Schwanzmitte und das dritte an der Basis des Schwanzfortsatzes liegt (Abb. 11b). Im ♀ Geschlecht wird der gut ausgebildete Uterus von der Vagina durch einen Sphinkter getrennt. Vorderer und hinterer Abschnitt der Vagina sind als weitere Abweichung vom Chrysanthemumnematoden von gleicher Länge. Die ziemlich breiten Spicula des ♂ sollen nach GOODEY (3) eine Länge von 0,023 mm erreichen können. Das ventrale Stück ist 0,008—0,01 mm lang. Ein Gubernaculum fehlt.

Biologie. Als Ektoparasit lebt der Nematode hauptsächlich in den Blattachseln von Erdbeerpflanzen. Dort beobachteten ihn z. B. MARCINOWSKI (2, 3) und STEWART. In großer Zahl konnte ihn MARCINOWSKI in den Blütenköpfchen feststellen, wo er sich besonders häufig zwischen den Staubfäden befand. STEWART fand alte und junge Nematoden zwischen den Härchen der Vegetationskegel der Knospen. Erst später tritt das Erdbeerälchen auch als Endoparasit innerhalb der braunfleckigen Blätter und Stengel stärker in Erscheinung. Sogar die jüngsten Blätter an den Stolonen können, selbst wenn sie noch fest eingeschlossen sind, nach den Beobachtungen MARCINOWSKIS (2) schon Nematoden enthalten. Für die Praxis der Bekämpfung ergibt sich hieraus, daß Ableger von nematodenkranken Pflanzen, auch wenn sie äußerlich gesund aussehen, nicht zur Vermehrung benutzt werden dürfen. In den Früchten scheinen sich Nematoden nicht aufzuhalten. SCHUURMANS-STEKHOVEN will vor kurzem den Nematoden auch in Begonienblättern nachgewiesen haben, die übrigens das gleiche Krankheitsbild wie die durch *A. olesistus* befallenen Blätter zeigten.

Wie alle Aphelenchen kann auch *A. fragariae* durch ein Welken der Pflanzen oder durch ein Übermaß von Feuchtigkeit zum Auswandern veranlaßt werden und eine Neuinfektion hervorrufen. Wie diese erfolgt, ist im einzelnen noch nicht geklärt. Nach Versuchen von MARCINOWSKI (2)

hat es aber den Anschein, als ob durch Umgraben der Blätter unter die
Erde gebrachte Aphelenchen nicht wieder an die Oberfläche emporkom-
men und sich an Erdbeerpflanzen heranarbeiten können. Doch bedarf
diese Angabe noch der Nachprüfung.

Der Nematode wandert zumeist an der Oberfläche des Stengels entlang; ein Aufsteigen innerhalb des Stengels scheint zwar nach MARCI-
NOWSKI (2) möglich zu sein, doch konnte die Beobachtung nicht durch
einen Versuch bestätigt werden. Nach dem Verhalten der den Erdbeernematoden am nächsten stehenden Aphelenchen halte ich es für wahrscheinlicher, daß das Wandern ausschließlich außen am Stengel entlang

Abb. 12. Eine infolge Befalls von *A. fragariae* erkrankte Erdbeerpflanze.
(Originalaufnahme der Biol. Reichsanstalt.)

erfolgt. Zum Endoparasiten wird der Nematode dann, wenn er die Möglichkeit hat, durch irgendeine Verletzung des Stengels in diesen einzudringen. Meist wird er jedoch als Endoparasit Blätter aufsuchen und
hierbei durch die Schließzellen der Epidermis eindringen, wo auch die
Vermehrung stattfindet. Die Eier werden wahrscheinlich, wie beim
Chrysanthemumnematoden, innerhalb des Mesophyllgewebes abgelegt,
aus denen sich in wenigen Tagen die jungen Larven entwickeln. Die
weitere Entwicklungsdauer bis zum geschlechtsreifen Tier dürfte in etwa
14 Tagen beendet sein. Feuchtigkeit (Regen und Tau) gibt den Älchen
die Möglichkeit auszuwandern und neue Blätter zu infizieren.

Wie äußern sich nun die **Krankheitssymptome**? Die Pflanzen zeigen,
wie schon RITZEMA-BOS (1, S. 9) angibt, „eine starke Verdickung aller

Stengelteile und eine starke Verästelung sowie die Bildung einer großen
Anzahl neuer Knospen". Der Hauptstengel weist in bestimmter Höhe
mehrfach Verästelungen auf, die stark verdickt, dabei aber verkürzt und
oft gekrümmt sind und zuweilen die Form einer Verbänderung annehmen
können, die Ritzema-Bos zu dem Vergleich mit einem Stück Blumenkohl veranlaßt hat (vgl. Farbentafel Abb. 1). Diese Ähnlichkeit tritt besonders da hervor, wo die Knospen eng beieinander auf den kurzen
dicht gedrängten Ästen stehen. Oft ist die Wachstumshemmung auf einer
Stengelseite stärker ausgeprägt als auf der anderen, so daß Verkrüm-
mungen entstehen. Die Blätter sind nur teilweise normal, meist bleiben
sie klein mit verkrümmter Blattspreite,
an der oft blasenförmige Auftreibungen
und Faltungen als Folge des unregel-
mäßigen Wachstums auftreten[1]. Abb. 12
zeigt eine solche Pflanze, bei der schon
die jüngsten Blätter typische Kräuse-
lungen und Verdickungen aufweisen.
Die Zähne des Blattrandes sind bis-
weilen noch in Form kleiner stumpfer
Zapfen kenntlich. Auch der Blattstiel
ist stark verdickt. Die Blütenanlagen
(Abb. 13) weisen ähnliche Verbildungen
auf. Die Blütendeckblätter sind meist
kurz und unregelmäßig gefaltet und
an der Unterseite blasenförmig aufgetrieben. Die Kronenblätter gelangen
oft gar nicht zur Entwicklung oder

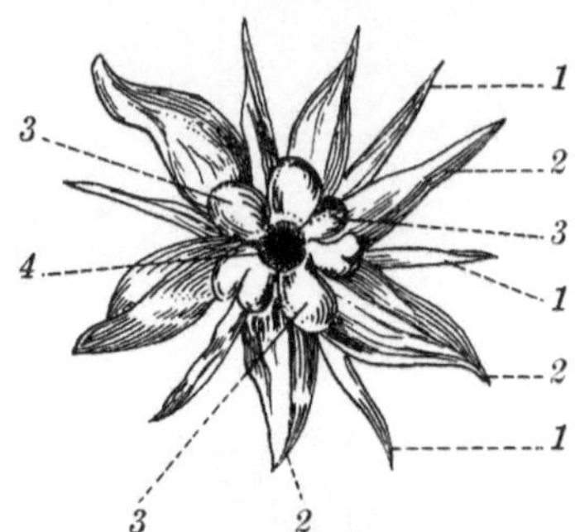

Abb. 13. Erkrankte Erdbeerblüte. Erklärung: *1* Schmale Blätter der ersten
Blätterreihe des Kelches. *2* Stärker aus-
gewachsene, mehrfach gefaltete Kelchblätter der zweiten Blätterreihe. *3* Rudimentär gebliebene grünlich weiße Kronen-
blättchen. *4* Blütenboden; Stempel und
Staubblätter kaum sichtbar.
(Aus Ritzema-Bos 2.)

bleiben rudimentär, zeigen eine beinahe hellgrüne Färbung und falten
sich nach der Innenseite zu. In vielen Blüten fehlen auch die Staubblätter oder sind nur als stark verkümmerte Gebilde vorhanden. Bei
anderen mit normal ausgebildetem Staubbeutel kann der Staubfaden
weit dicker und kürzer sein als bei normalen Staubblättern. Daß auch
der Achsenteil der Blüte mit den Fruchtblättern verkümmert sein
kann, wobei letztere sogar fehlen können, mag noch erwähnt werden.

Die hier beschriebenen Veränderungen der Blüte sind zwar nicht
immer derart, daß sie zur Unfruchtbarkeit führen. Sie liefern jedoch
kleine verkrüppelte Früchte, die für den Verkauf nicht geeignet sind.

Außer den Deformationserscheinungen zeigen erkrankte Erdbeer-

---

[1] An dieser Stelle sei darauf hingewiesen, daß eine Kräuselung der Blätter
und eine Verkümmerung der ganzen Pflanze auch durch die Erdbeermilbe
(*Tarsonemus fragariae* H. Zimmermann) hervorgerufen werden kann, die selbst
die ganz jungen noch von Niederblättern eingeschlossenen Blätter angreift und
zu den gefährlichsten Schädlingen einer Erdbeerkultur gehört.

pflanzen verschiedenartig gefärbte Flecken auf den Laub- und Blüten-
blättern und an den Blattscheiden. Diese sind zunächst, dem Laufe der
Gefäße entsprechend, scharf begrenzt, von zart hellgrüner Farbe und
etwas durchscheinend; später werden sie gelb; häufig geht dann die
Farbe in ein leuchtendes Ziegelrot über, während die gesunden Stellen
noch eine kräftig dunkelgrüne Färbung zeigen. Die peripheren Blatt-
teile sterben in der Regel zuerst ab; schließlich dehnt sich die Erkrankung aber auch auf den Stengel aus, und das ganze Blatt fällt ab (Abb. 14

Abb. 14. Blattverfärbung einer von *A. fragariae* befallenen
Erdbeerpflanze. (Originalaufnahme der Biol. Reichsanstalt.)

und Farbentafel Abb. 1).
Die Erkrankung, die vor-
nehmlich im Frühjahr
auftritt, zeigt sich an
den ältesten Blättern zu-
erst und schreitet von
hier aus auf die jüngeren
fort.

Dem Umstand, daß
man bei erkrankten Pflan-
zen nicht immer Nema-
toden fand, ist der von
englischer Seite ausge-
sprochene Verdacht zuzu-
schreiben, es könne sich
vielleicht bei den Blatt-
verfärbungen um ein
Krankheitssymptom
nicht tierischen Einflusses
handeln, zumal auch In-
fektionsversuche nicht
immer den gewünschten
Erfolg brachten und zu-
weilen nur Blattverfärbungen auftraten, ohne daß Aphelenchen nachzuweisen waren. Bei dieser in England als „red plant", „red leg" oder
„red leaf" bezeichneten Krankheit, die mit der von MARCINOWSKI beschriebenen Blattfleckenkrankheit übereinstimmt, tritt außer Blattkrümmungen zuweilen eine intensive mehr oder weniger auf bestimmte
Sorten beschränkte Rotfärbung auf. Die Blüten werden ebenfalls nur in
geringer Zahl ausgebildet und sind sehr kümmerlich. Hierzu ist zu be-
merken, daß Infektionsversuche bei Erdbeerpflanzen häufig mißlingen,
wie schon MARCINOWSKI (2) beobachten konnte. Bei ihren Versuchen
wurden erst nach längerer Zeit Krankheitssymptome sichtbar. Zur Erklärung der mißlungenen Versuche ist man geneigt, anzunehmen, daß
erst eine gewisse Inkubationszeit bis zum Sichtbarwerden der Krankheit

verstreichen muß, während der auch ein entsprechender Feuchtigkeits-
grad herrschen muß. Fehlt dieser, so kommt wahrscheinlich die Krankheit überhaupt nicht zum Ausbruch. So konnten z. B. mehrere in Holland eingeleitete Infektions- und Bekämpfungsversuche größeren Stils
nicht durchgeführt werden, da infolge Trockenheit im Jahre 1922 keine
Nematodenkrankheit an Erdbeeren auftrat (VAN POETEREN 2, S. 39—41).
Auch STANILAND infizierte im September und November 1924 mehrfach
Erdbeerpflanzen an den Blättern und Vegetationspunkten und konnte
selbst im Jahre 1926 noch keine Erkrankung (weder „red plant" noch
„cauliflower") feststellen. Umgekehrt wurde in manchen Fällen der
Nematode an Pflanzen zwar gefunden, ohne daß es aber zur Ausbildung
von typischen Krankheitssymptomen kam. Nach alledem müssen wir
zugeben, daß der sichere Nachweis der Übertragbarkeit der Blattflecken-
und der Blumenkohlkrankheit durch *A. fragariae* bisher noch nicht gelungen ist.

Über die Beziehungen der beiden Krankheiten zueinander sind nun
HODSON & BEAUMONT der Ansicht, daß die „red plant" ein jüngeres
Stadium der „cauliflower" darstellt. Andere Autoren, wie BALLARD &
PEREN, ferner LEES & STANILAND halten die beiden Krankheiten
für eine verschiedene Reaktion der Pflanzen auf den Nematodenbefall.
Welche Faktoren jedoch das eine oder andere Krankheitsbild hervorrufen,
ist experimentell noch nicht geklärt; vielleicht sind sie in der Jahreszeit
und den einzelnen Erdbeersorten zu suchen. Auch scheint nach LEES &
STANILAND die Blattfleckenkrankheit mehr auf Flächen mit größerem
Wassergefälle aufzutreten.

Über den Grad der Schädigung liegen nur wenige genaue Zahlen vor.
So berichtet TULLGREN, daß in Upland (Schweden) in 1 Jahre etwa
2000 Erdbeerpflanzen durch den Nematoden vernichtet worden sind. In
Deutschland wurden während der Frühjahrs- und Sommermonate des
Jahres 1927 in dem Obstbaugebiet um Werder (Havel) von einzelnen
Sorten eine Minderernte von 50% erzielt.

Mit *A. fragariae* sind oft andere Nematoden vergesellschaftet, insbesondere das Stockälchen, *Anguillulina dipsaci* KÜHN (JEGEN, RITZEMA-
Bos 9) und *Aphelenchus helophilus* (MARCINOWSKI 2); ferner werden
auch nicht selten Nematoden der Gattungen *Rhabditis*, *Cephalobus* und
Dorylaimus (STANILAND) angetroffen, die aber kaum als primäre Schädlinge angesehen werden können.

Bekämpfung. Für eine Bekämpfung des Erdbeernematoden kommen Maßnahmen in Betracht, wie sie im allgemeinen Teil ausführlich
behandelt worden sind. Es sei hier nur erwähnt, daß nach Versuchen
der Agric. and Hortic. Research Station Long Ashton (o. Verf. 9) ein
gänzliches Abtöten der Nematoden mit heißem Wasser ohne Beschädi-
gung der Pflanzen nicht möglich ist. Ferner dürfen die Ausläufer er-

krankter Pflanzen keineswegs zur Vermehrung benutzt werden. Tritt
die Krankheit auf einem Felde auf, so reißt man am besten die Pflanzen
aus und verbrennt sie. Den Boden gräbt man wenigstens 10 cm tief um.
Über eine von JEGEN (1) in Vorschlag gebrachte biologische Bekämpfung
des Erdbeernematoden mit Hilfe von Enchyträiden ist auf S. 22 berichtet
worden.

Verbreitung. Der Nematode wurde bisher beobachtet in Deutschland, Holland, England (GOODEY u. a.), Schweden (KEMNER)[1], Norwegen
(SCHØYEN), Dänemark (GRAM und THOMSEN), Westindien (COBB 1).

b) *Aphelenchus ritzemabosi* Schwartz 1911.

Synonyma: *A. olesistus* RITZ.-BOS 1893 part.
A. ormerodis (RITZ.-BOS) MARC. 1908 part.
A. phyllophagus STEWART 1921.

Historisches. ATKINSON beobachtete 1891 in ihm von B. D. HALSTED
aus New Jersey (U.S.A.) zugesandten erkrankten Blättern von *Chrysanthemum* und *Coleus* einen zur Gattung *Aphelenchus* gehörenden Nematoden, der im Gegensatz zu anderen Nematoden keine Gewebshypertrophien, sondern nur Braunfleckigkeit der Blätter hervorrief. Um die Jahr-
hundertwende wurde dann die Krankheit von OSTERWALDER (3) und
HOFER in der Schweiz, von CHIFFLOT in Frankreich[2], von RITZEMA-BOS
in Holland, von SORAUER in Deutschland und von FULMEK in Österreich
festgestellt und der Krankheitserreger in fast allen Fällen für *A. olesistus*
gehalten. In den folgenden Jahren mehrten sich die Meldungen über das
Auftreten der Krankheit noch erheblich. MARCINOWSKI, die 1908 eine
Revision der bekanntesten pflanzenschädlichen Aphelenchen vornahm,
erwähnt ebenfalls das Vorkommen von *A. olesistus* in Chrysanthemen.
Mit der Biologie des Parasiten und seiner Bekämpfung beschäftigte sich
MOLZ eingehend. Aber erst SCHWARTZ wies nach, daß der Nematode von
A. olesistus nicht unerhebliche Abweichungen zeigt, die ihn als eine besondere Art auszeichnen. Zu Ehren des um die Erforschung der Nema-
todenkrankheiten verdienten Gelehrten, Prof. Dr. RITZEMA-BOS, nannte
er den Nematoden *A. ritzemabosi*.

Bei einem Vergleich der von SCHWARTZ angegebenen Maßzahlen mit
den von früheren Autoren, insbesondere von OSTERWALDER und MOLZ,
gemachten Angaben ergibt sich aber eine weitgehende Übereinstimmung,
so daß die Annahme berechtigt ist, daß auch diesen Forschern der Nematode bei ihren Untersuchungen vorgelegen hat. Indes sei auch auf die
Beobachtung GOLLEDGES hingewiesen, der außer *A. ritzemabosi* an
Chrysanthemen auch *A. olesistus* gefunden hat. 1921 beschreibt STE-

---

[1] Nach brieflicher Mitteilung.
[2] Offenbar hat auch JOFFRIN die gleiche Krankheit bei Chrysanthemum
beobachtet, der den Erreger nur für eine *Anguillulina* hielt.

WART ausführlich einen Nematoden von Chrysanthemen, den er — ohne
Kenntnis der Veröffentlichung von SCHWARTZ — *A. phyllophagus* nennt.
Weitere Beiträge von GOODEY (1), STEINER (4), KENNETH M. SMITH,

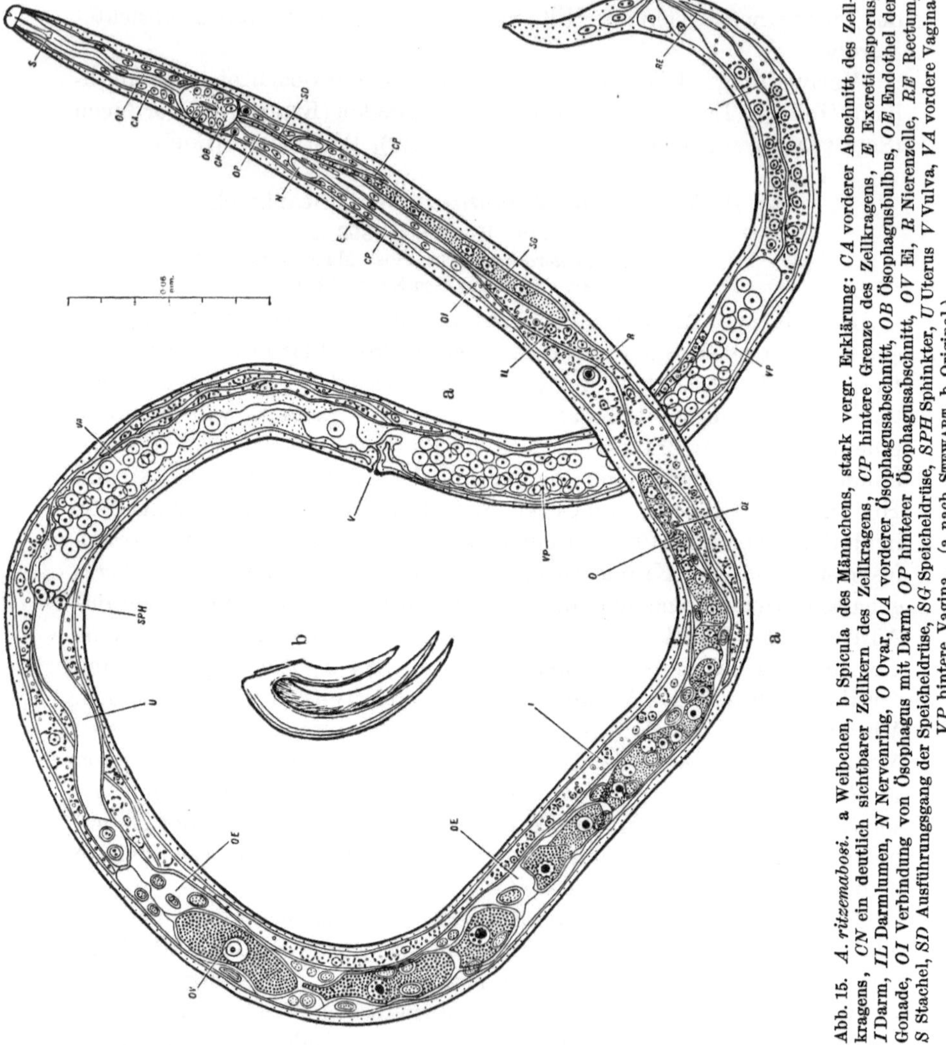

Abb. 15. *A. ritzemabosi.* a Weibchen, b Spicula des Männchens, stark vergr. Erklärung: *CA* vorderer Abschnitt des Zellkragens, *CN* ein deutlich sichtbarer Zellkern des Zellkragens, *CP* hintere Grenze des Zellkragens, *E* Excretionsporus, *I* Darm, *IL* Darmlumen, *N* Nervenring, *O* Ovar, *OA* vorderer Ösophagusabschnitt, *OB* Ösophagusbulbus, *OE* Endothel der Gonade, *OI* Verbindung von Ösophagus mit Darm, *OP* hinterer Ösophagusabschnitt, *OV* Ei, *R* Nierenzelle, *RE* Rectum, *S* Stachel, *SD* Ausführungsgang der Speicheldrüse, *SG* Speicheldrüse, *SPH* Sphinkter, *U* Uterus *V* Vulva, *VA* vordere Vagina *VP* hintere Vagina. (a nach STEWART b Original.)

ROZSYPAL (1, 2), WEBER (1), GOFFART (1, 2) und GOODEY (3) konnten
einen Teil der noch fehlenden Lücken in der Biologie und Bekämpfung
des „Chrysanthemumnematoden" ausfüllen.

Morphologie. Von seinem nächsten Verwandten, dem Erdbeerälchen, unterscheidet sich der Chrysanthemumnematode (Abb. 15a) haupt-

sächlich durch seine größere Länge (816—1248 μ) und Breite (19—24 μ).
Ein Vergleich der übrigen Maße beider Nematoden (s. Tabelle 2) zeigt,
daß weitere sichere Unterscheidungsmerkmale nicht aufgestellt werden
können.

Die aus den verwachsenen Lippen gebildete Kopfkappe ist wulstig
vorgewölbt; sie weicht hierin vom Erdbeerälchen kaum ab, übertrifft aber
an Rundung das Kopfende des Farn- und Begonienälchens beträchtlich.
An der äußeren Seitenwand erkennt man drei papillenartige Gebilde, die
als Amphiden zu deuten sind. Das Lumen des Mundstachels ist, wie bei
A. fragariae, sehr eng; ferner sind innerhalb des Bulbus die Zellkerne mit
den radiären Ausstrahlungen gut sichtbar. Speicheldrüsen, Nervenring
und Excretionsporus sind von den gleichen Organen bei *A. fragariae* nicht
zu unterscheiden. Die Seitenmembranen nehmen nach STEWART etwa
ein Sechstel des Körperumfangs ein. Derselbe beobachtete ferner eine
Reihe zellartiger Gebilde, die den Ösophagus ringförmig umgeben und
als sogenannter Zellkragen wahrscheinlich eine nervöse Funktion ausüben. Sehr deutlich heben sich vor allem die beiden hinter dem Ösophagusbulbus liegenden Zellen ab. Der Schwanz des ♂ ist stark gebogen
und entspricht einen Kreissegment von 180° (Abb. 6). Der Kopulations-
apparat besteht auch hier aus zwei dorsalen Stücken von 15—18 μ
Länge, die mit dem unpaaren Stück, das 9—12 μ lang ist, wie bei dem
Erdbeerälchen, durch je einen Fortsatz in Verbindung stehen (Abb. 15b).

Biologie. *A. ritzemabosi* findet sich hauptsächlich als Endoparasit
in den Blättern der Chrysanthemen. Ektoparasitisch wurde er in den
Blattachseln und Blüten, ferner an Stengeln angetroffen. Über die Art
der Infektion vertreten RITZEMA-BOS (3) und MARCINOWSKI (2) (beide
hielten den Parasiten, wie oben schon erwähnt, für *A. olesistus*) die Ansicht, daß diese von den unterirdischen Pflanzenteilen aus erfolgen kann.
Dieser Infektionsweg wird bereits von KLEBAHN und später von MOLZ
auf Grund ihrer Beobachtungen verneint. Nach beiden erfolgt die Infektion von der Außenseite der Sproßachse aus. STEWART kam dann auf
Grund seiner Untersuchungen zu dem Schluß, daß sich die Nematoden
nur an der Epidermisoberfläche aufhalten, nie innerhalb des Stengels.
Diese Angaben kann ich durch eigene Beobachtungen im allgemeinen
bestätigen; es kann zwar infolge von Verletzungen der Epidermis ein
Nematode auch in diese eindringen, doch kommt es hier, soweit festgestellt werden konnte, nicht zur Vermehrung.

Auch die Art des Eindringens in ein Blatt war bis in die neueste Zeit
Gegenstand häufiger Diskussionen. Während sich RITZEMA-BOS (3) zunächst gegen eine Einwanderung durch die Spaltöffnungen ausspricht,
änderte er später auf Grund der Beobachtungen OSTERWALDERS (4, S. 342),
die auch von SORAUER (2) und später von MARCINOWSKI (2) bestätigt
wurden, seine Ansicht (7). MOLZ schließt zwar eine Einwanderung des

Parasiten durch Spaltöffnungen nicht ganz aus, hält aber eine Infektion infolge von Verletzungen der Pflanze bzw. der Blätter durch das Ausbrechen der achselständigen Geiztriebe oder durch die Tätigkeit tierischer Schädlinge (Wanzenstiche usw.) für wahrscheinlicher. Rozsypal konnte feststellen, daß die Stomata einiger Chrysanthemumsorten bei starkem Turgordruck die Breite der Nematoden erreichen und sogar noch überschreiten. Unter Berücksichtigung der mannigfachsten Feuchtigkeitsverhältnisse und der verschiedensten Chrysanthemumsorten stimmten eigene Messungen mit den Beobachtungen von Molz überein, wonach die Breite der Stomata die der Nematoden nicht erreicht (Maximalwert bei Molz 6,8 μ; bei mir 8,1 μ). Aber dennoch scheinen die Älchen aktiv in die Blätter einzudringen, indem sie mit dem Kopfende bohrende Bewegungen ausführen und so die Schließzellen auseinander drängen (vgl. Abb. 9). Sind bereits Verletzungen vorhanden, so werden diese ein Eindringen noch begünstigen.

Das geschlechtsreife Chrysanthemumälchen besitzt, wie auch andere Aphelenchen, einen großen Wandertrieb. Einmal wandert es außerhalb auf der Oberfläche der Blätter und des Stengels, wenn diese vom Regen oder Tau feucht sind, wodurch es zu einer Infektion von Blatt zu Blatt kommen kann; zum anderen vollziehen sich die Wanderungen innerhalb des Interzellulargewebes der Blätter, wobei die Gefäße gemieden werden. Die Befallsstellen grenzen sich daher auch ebenso scharf ab wie an den Farnwedeln bei Infektion durch *A. olesistus*.

In den Interzellularräumen des Mesophylls findet die Ablage der Eier statt, die einzeln oder zu mehreren beieinander liegen. Ihre Größe schwankt zwischen 0,095 mm Länge : 0,022 mm Breite (Stewart) und 0,063 mm Länge : 0,019 mm Breite (Molz). Nach eigenen Messungen ist der durchschnittliche Längen-Breitenindex 3,4, was mit den Angaben von Molz gut übereinstimmt. Die weitere Entwicklung geht in kürzester Zeit vor sich. Schon nach 5 Tagen konnte Stewart bei frisch infizierten Pflanzen junge Larven beobachten, deren Größe 0,22:0,15 mm betrug. Nach weiteren 5 Tagen unterschieden sich die inzwischen um das 3fache herangewachsenen Tiere schon als künftige Männchen und Weibchen. Die ganze Entwicklung von Ei zu Ei dauert nach Stewart bei günstigen Lebensbedingungen etwa 15 Tage. Sind die Bedingungen günstig, so wandern die geschlechtsreifen Tiere aus, um andere Blätter und Blüten aufzusuchen; herrscht dagegen Trockenheit, so fallen sie in den Zustand der Trockenstarre. In diesem können sie nach Steiner (4) 22 Monate verharren. Eigene Beobachtungen, bei denen trockene Blätter im Zimmer bei 18—20° 25 Monate aufbewahrt wurden, ergaben, daß bei guter Befeuchtung innerhalb weniger Stunden noch ein großer Teil der Nematoden seine schlängelnde Bewegung wieder aufnimmt. Kranke Blätter bilden somit für gesunde Pflanzen eine dauernde Infektionsquelle.

Bei genügender Feuchtigkeit wandern die Tiere im Herbst aus den Blättern in den Boden, wo sie im Starrezustand leicht gekrümmt den Winter überdauern. Im nächsten Jahre findet dann bei günstigen Bedingungen Neubefall statt, und zwar wandern die Tiere zunächst zu den untersten Blättern, bzw. werden durch Regen mit Erdteilchen dorthin gebracht. In diesen und in den Blattachseln findet dann die erste Vermehrung statt.

Krankheitssymptome. Ende Juni oder Anfang Juli treten zunächst an den untersten Blättern der Chrysanthemen gewöhnlich in den Hauptnervenwinkeln der seitlichen Lappen und der Blattspitze braune bis schwarze, von den Nerven scharf umgrenzte Flecke auf (vgl. Farbentafel Abb. 2, 3). Die befallenen Stellen zeigen schon bald ein Nachlassen des Turgors, der sich in Blattkrümmungen äußert, später werden sie je nach Sorteneigentümlichkeit dunkelbraun bis rötlich oder auch schwarz und nach dem Rand der Flecken hin gelb. Sie dehnen sich entweder über die ganze Blattfläche aus oder trocknen bei ungünstigen klimatischen Verhältnissen an der ursprünglichen Infektions-

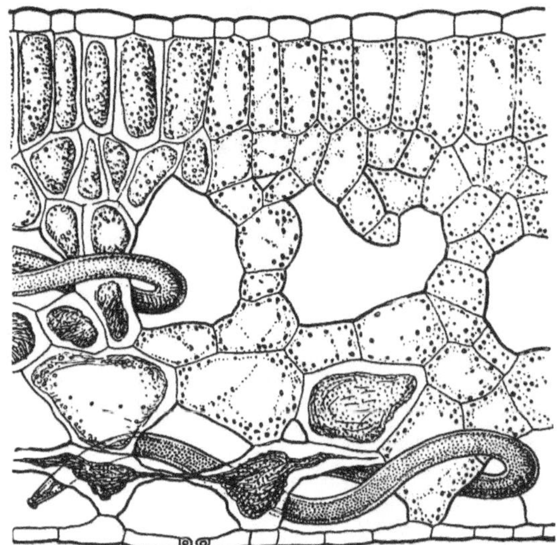
Abb. 16. Querschnitt durch ein Blatt von Dahlia mit *A. ritzemabosi.* Allgemeine Vergilbung des Chlorophylls, links bereits Verklumpung. (Nach WEBER 2.)

stelle ein. Gleichzeitig verfärben sich die Chlorophyllkörner und ballen sich zu braunen klumpigen Massen. Auch die Palisadenzellen beginnen sich zu bräunen und sterben ab (Abb. 16). Die zum Absterben gebrachten Zellen können die Feuchtigkeit nicht mehr in sich zurückhalten, sie geben sie in gesteigertem Maße ab und vertrocknen schließlich. In diesem Zustande bleiben sie bis zum Spätherbst und darüber hinaus am Stock hängen und stellen somit einen dauernden Infektionsherd dar (Abb. 17). Unter günstigen Verhältnissen schreitet die Krankheit bis zu den jüngeren Blättern fort oder wird durch Berührung dieser mit benachbarten kranken Blättern übertragen. Die Sproßachse zeigt zuweilen eine makroskopisch sichtbare Braunfärbung der Epidermis, ohne daß es jedoch an diesen Stellen zu einer Eiablage und Vermehrung zu kommen scheint.

In den Blüten finden die Nematoden eine sehr gute Vermehrungsmöglichkeit. Man trifft sie hier in allen Entwicklungsstadien an. Nachdem sie zunächst in die äußeren Blütenblätter eingedrungen sind, wandern

Abb. 17. Chrysanthemum durch *A. ritzemabosi* zerstört. Die unteren Blätter sind bereits abgestorben; die oberen zeigen deutlich Krümmungserscheinungen; auch die Blüten sind bereits erkrankt. (Original.)

sie bis zur eigentlichen Blüte weiter, befallen Kelch- und Kronblätter und halten sich besonders zahlreich am Blütenboden auf. An der Blüte zeigen sich ähnliche Verfärbungen wie an den grünen Blättern, bis schließlich die ausgehöhlte Blüte eintrocknet und abstirbt (vgl. Farbentafel Abb. 4, 5).

Werden die Pflanzen später ins Gewächshaus zurückgebracht, so kann unter gewissen Bedingungen die Krankheit nicht selten zum Stillstand kommen.

Die Anfälligkeit der einzelnen Chrysanthemumsorten gegenüber *A. ritzemabosi* ist sehr verschieden. Insbesondere haben die großblumigen Sorten unter dem Parasiten erheblich zu leiden. Hierbei ist zu beachten, daß die Befallstärke je nach dem Standort, den klimatischen Bedingungen usw. in den einzelnen Jahren wechselt, so daß etwa eine als „ziemlich widerstandsfähig" bezeichnete Sorte vom Parasiten einmal stärker befallen werden kann. So erklären sich offenbar die verschiedenen Widersprüche in den Angaben der einzelnen Autoren. Die Einordnung der aufgeführten Sorten in eine der drei folgenden Gruppen kann daher auf absolute Richtigkeit keinen Anspruch machen, sondern soll nur die Ansicht der Autorenmehrheit zum Ausdruck bringen.

Stark anfällig sind: „Queen Mary", „Nobel", „Sanctity", „Armorel", „Lichfield Pink", „Goachers" (alle Formen), „Romance", „Marked Red" „Huntsman", „Favourite", „H. W. Thorpe", „Wintermärchen", „White Crouth" und „La Neige".

Anfällig sind: „Embleme Poitevine", „Mrs. R. C. Pulling", „Curch", „Mme. Toulza", „W. Wells", „Madame Carnot", „Terra Cotta", „September White", „Polly", „Roi de blanc", „Valet", „Mrs. Turner", „Crawford Pink", „Troja", „Mrs. Clay Frick", „Princesse Alice de Monaco", „Polypheme", „Mrs. Gilbert Drabble", „Reycroft Triumph", „Cap. Etievant", „Mrs. P. Henderson", „Mrs. Marshall Field", „Percy A. Dove", „Tom Page", „Advance", „Enfield White", „Dr. Euguehard", „Source d'Or", „Leskes Weisse", „Black Douglas", „Silberregen", „Schneeteppich".

Ziemlich widerstandsfähig sind: „Madame Oberthür", „Captaine Julyan", „William Biddle", „Madame Jenkins", „Edith Cavell", „General Petain", „Peace" (?), „Madame Ph. Revoire", „Helene Williams", „William Turner", „Käti Ernst", „H. E. Converse", „Daily Mail", „Candeur des Pyrennées", „E. J. Brooks", „Aviateur Leblanc", „Lionet", „Princesse Mary", „Jenkins Gelb", „Geraudet", „Louise Pockett", „Mrs. G. C. Kelly", „Mons. Loiseau Rousseau", „Rheinland", „Rose Poitevine", „Rayonnant"[1], „William Duckham", „Mrs. George Monroe jun.", „Majestic", „Mona Davis", „Brooks Monaco", „September Glory", „Goldfinch", „Crawford Yellow", „Golden Glory", „Baldock's Crimson", „Western King", „Phyllis Cooper", „Bronze Beauty", „Nadaszy Josef", „Tokio", „Mme. Draps Dom", „Rosalind", „Mrs. R. Luxford", „Soleil d'Octobre", „Gustav Grunewald", „Thomas Waren".

---

[1] 1925 im Botanischen Garten Kopenhagen besonders anfällig (o. Verf. 1).

Nach Molz waren nicht befallen: ,,Harrison Dick", ,,E. Milcham", ,,La Gracieuse", ,,Marstham Yellow", ,,Viviand Morel".

Die kleinblumigen Sorten scheinen im allgemeinen weniger unter dem Parasiten zu leiden. Nach meinen Beobachtungen wurden hauptsächlich ,,Wintermärchen" und ,,White Crouth" im Jahre 1927 stärker geschädigt. Im gleichen Jahre trat die Krankheit in Deutschland an großblu-

Abb. 18. Blattfleckenkrankheit an *Rudbeckia*, durch *A. ritzemabosi* hervorgerufen. (Original.)

migen Sorten in erschreckendem Maße auf. Bei mehreren Berliner Gärtnereien wurde zum Teil ein Viertel bis ein Drittel des Gesamtbestandes für den Verkauf wertlos. In einem Falle mußten 1500 Pflanzen vernichtet werden. Ein anderes Unternehmen bezifferte den materiellen Ausfall auf 15000 RM.[1]. Auch aus anderen Teilen des Reiches wurden

---

[1] Krankheiten und Schädigungen der Kulturpflanzen im Jahre 1927. Mitt. Biol. Reichsanst. Land- u. Forstwirtschaft H. 37, S. 208 (1928).

größere Schädigungen bekannt, so aus der Rheinprovinz, dem Freistaat Sachsen und aus Schlesien. Hier kam es schon 1926 zu einem beträchtlichen Schadauftreten des Chrysanthemumnematoden (KRAUSE). 1 Jahr vorher wurden in Mähren hauptsächlich bei Brünn und Wischau die Chrysanthemumkulturen durch eine Massenvermehrung des Parasiten erheblich geschädigt, deren Entstehung ROZSYPAL auf die in diesem Sommer niedergegangenen starken Regenmengen zurückführt (s. S. 20).

Im Jahre 1926 wurde der Chrysanthemumnematode auch an Dahlien festgestellt, und zwar unabhängig voneinander in Beuel bei Bonn (WEBER) und in Berlin-Dahlem (GOFFART 1). Nach WEBER zeigten sich die ersten Anzeichen der Krankheit bereits im Gewächshause. Die befallenen Stellen verfärben sich zunächst hellgrün, werden dann gelb durchscheinend, später braun bis schwarz; nicht selten fallen sie dann aus dem Blatt heraus, so daß Löcher entstehen, die an Fraßstellen von Insekten erinnern (Farbentafel Abb. 6, 7). Wahrscheinlich wandern die Nematoden jedoch zuvor aus dem toten Blattstück aus; denn ich konnte bei solchen Blättern aus dem Freiland nie Nematoden feststellen. Auf die Veränderungen innerhalb des Zellgewebes brauche ich hier nicht näher einzugehen, da sie ebenso verlaufen wie bei anderen Blattfleckenkrankheiten (s. S. 44 und Abb. 16). Bisher hat das Auftreten des Nematoden an Dahlien im Freiland noch keine größeren Schädigungen hervorgerufen. Bei der weit höheren Resistenz dieser Pflanzen werden solche vielleicht nur bei der Anzucht auftreten. Im Jahre 1928 wurde derselbe Nematode auch an *Rudbeckia* festgestellt, bei der sich die Krankheit in einer Verfärbung der Blattflächen zwischen den Blattnerven bemerkbar machte (Abb. 18). Als weitere Wirtspflanzen sind festgestellt worden: *Senecio vulgaris* in England (STEWART), *Phlox drummondi* in Washington (U.S.A.; STEINER 4), *Callistephus* in Deutschland (unveröffentlicht). Nach dänischen Beobachtungen (o. Verf. 1) ist der Parasit 1928 auch an *Calceolaria*, 1929 an Gloxinien festgestellt worden. Schließlich wurde er im Jahre 1929 noch in Blättern von *Doronicum* und *Adenostyles alpina* beobachtet (LAUBERT 2). In beiden Fällen waren die Befallsstellen durch die Blattnervatur scharf umrissen.

Es sei noch auf eine merkwürdige Erkrankungsform bei *Lobelia cardinalis* hingewiesen, über die RITZEMA-BOS (9, S. 302) berichtet. Die Pflanzen, die aus Hilversum stammten, zeigten abweichend von den sonst auftretenden Blatterkrankungen eine ausgesprochene Hypertrophie an der Spitze der Ausläufer. Diese waren stark angeschwollen und enthielten eine große Anzahl von RITZEMA-BOS als *A. ormerodis* (RITZ.-BOS) MARC. bestimmter Nematoden. Vermutlich handelt es sich hierbei um *A. ritzemabosi*, denn die Körperlänge der ♂ betrug 0,936 mm, während die ♀ eine Gesamtlänge von 0,960 mm erreichten. α wird mit 45—50, β mit 12—13, γ beim ♂ mit 18,6—21, beim ♀ mit 15,6—18,6 angegeben. Die abweichende pathologische Veränderung bei *Lobelia* deutet darauf hin, daß diese nicht im Parasiten, sondern in der Pflanze selbst begründet sein muß.

Bekämpfung. Mit dem Problem der Bekämpfung des Chrysanthemumnematoden haben sich eine ganze Anzahl Forscher beschäftigt, von denen insbesondere Molz, Stewart und Rozsypal genannt sein mögen. Alle betonen die außerordentliche Widerstandsfähigkeit des Parasiten chemischen Mitteln gegenüber. Als völlig wirkungslos erwiesen sich nach Molz, Rozsypal und nach eigenen Versuchen (2) Schwefel- und Kupferpräparate, ferner hypermangansaures Kali, Chlorbarium, Pikrinsäure, Soda, Kalkmilch, Quecksilber-, Arsen- und Nikotinpräparate, ferner Schmierseifenlösungen in entsprechenden, die Pflanzen nicht schädigenden Konzentrationen. Günstigere Erfolge erzielten Rozsypal und wir durch häufiges Spritzen mit wässerigen Ammoniaklösungen (bis 3 proz.), die von den erwachsenen Pflanzen ohne Schädigung ertragen werden. Es gelingt in diesem Falle aber auch nur, die außen an den Blättern und dem Stengel vorhandenen Nematoden abzutöten, während die in den Blättern überlebenden Nematoden sich schon nach wenigen Tagen wieder vermehrt haben. Das Verfahren kann daher nur als eine vorbeugende Maßnahme gelten. Andere Mittel, wie sie von Sandground (Kaliumsulfid), Cook (Nikotin) und Fulmek (3) (Schwefelkalkbrühe) angegeben werden, halte ich auf Grund eigener Beobachtungen für weniger geeignet. Folgendes Verfahren dürfte dagegen, wenn es rechtzeitig genug angewandt wird, erfolgversprechend sein: Marcinowski machte bereits 1908 zu einem anderen Zweck den Versuch, durch Umlegen eines Vaselinringes die Nematoden von einer bestimmten Stelle einer Begonienpflanze fernzuhalten. Das Verfahren wurde damals nicht weiter ausgebaut. Nachdem dann von mehreren Seiten festgestellt war, daß eine Wanderung der Tiere durch den Stengel nicht stattfindet, veränderte ich die Methode Marcinowskis derart, daß statt des Vaselinringes ein Leimring von $^1/_2$ cm Breite in einer Entfernung von 10—15 cm vom Erdboden um die Sproßachse der Chrysanthemen mit einem Pinsel oder einem Stückchen Holz herumgelegt wurde und bei einem Teil der Pflanzen die unteren Blätter entfernt wurden. Wegen des Dickenwachstums mußte der Ring etwa Ende Juli erneuert werden. Die Versuche, die 1927 und 1928 bei jedesmal 30 Pflanzen ausgeführt wurden, ergaben, daß die unterhalb des Leimringes befindlichen Blätter von den Älchen aufgesucht wurden, die Blätter oberhalb des Ringes dagegen nematodenfrei blieben. Das Entfernen der unteren Blätter ist deshalb erforderlich, damit durch Regen keine nematodenhaltigen Erdteilchen auf die Blätter gespült und die Tiere bei Berührung der Blätter nicht von einer Pflanze auf die andere wandern können. Das Verfahren, das in ähnlicher Form auch von anderer Seite unabhängig von meinen Versuchen erprobt worden ist, hat sich nach den bisherigen Beobachtungen bewährt, so daß hierin wohl ein wirtschaftlich brauchbares Mittel zur Verhinderung von Schädigungen durch den Chrysanthemumnematoden gesehen werden kann, das auch bei anderen Pflanzen, deren Blätter dem Erdboden nicht allzu nahe sind, als ein Schutz gegen die durch Aphelenchen hervorgerufenen Erkrankungen dienen kann.

Versuche, eine Bekämpfung des Parasiten durch eine innere Therapie der Pflanzen herbeizuführen, wurden von MOLZ mit Eisensulfat ($^1/_{10}$ bis $^1/_{50}$ proz.), Pikrinsäure ($^1/_{10}$—$^1/_{70}$ proz.), Alaun ($^1/_{10}$—$^1/_{70}$ proz.) und arseniger Säure ($^1/_{10}$—$^1/_{30}$ proz.) durchgeführt. Zu einem Absterben der Nematoden kam es aber nur bei Verwendung von arseniger Säure; doch waren auch die Blätter stark braun gefärbt. Bei Versuchen, die ich in derselben Weise mit Methylenblau (0,1—0,001 proz.), Eosin (0,1 und 0,001 proz.), Methylgrün (0,001 proz.), Bismarckbraun (0,001 proz.) und Uspulun (1 und 0,1 proz.) anstellte, wurden die Nematoden in keinem Falle geschädigt. Eher litten die Pflanzen. Versuche mit Kaliumchromat (1:5000 und 1:100000 Grammolekül) und Pikrinsäure (1:1000 und 1:10000 Grammolekül) ergaben noch kein klares Bild.

Ein nur im Kleinbetrieb oder bei wertvollen Pflanzen durchführbares Verfahren besteht in der Warmwasserbehandlung der Pflanzen (vgl. allgemeiner Teil S. 24). Die oberirdischen Teile sterben zwar hierbei meist ab, doch werden neue, gesunde Stecklinge getrieben, die zur Vermehrung benutzt werden können. Bei dieser vielfach zitierten Methode sei aber darauf hingewiesen, daß nach eigenen Beobachtungen die in Chrysanthemumblätter lebenden Nematoden selbst ein Tauchbad von 50° C für 10 Minuten ohne sichtbare Schädigung ertragen. Sie überdauern diese hohen Temperaturen im Zustand der Starre. Werden erkrankte Pflanzen kühl und trocken gehalten und nur am Stengelgrund begossen, so wird nach Entfernung der schwer erkrankten Blätter auch eine weitere Schädigung in vielen Fällen nicht mehr eintreten. Weiter empfiehlt es sich, die Pflanzen so zu stellen, daß die Blätter nirgends einander berühren. Auch vermeide man einseitige Düngung mit Stickstoff. Nach GLINDEMANN sollen Pflanzen unter Glas mehrere Jahre hindurch nicht erkrankt sein.

Zu den Maßnahmen, die ein Fernhalten oder eine Bekämpfung des Nematoden an der Pflanze bezwecken, gehört auch eine Bodendesinfektion. Da nach Versuchen von MOLZ und anderen der als Bodendesinfektionsmittel so oft empfohlene Schwefelkohlenstoff wegen seiner schnellen Verdunstung kaum einen durchgreifenden Erfolg verspricht, hält MOLZ es für zweckmäßiger, wasserlösliche Schwefelkohlenstoffemulsionen zu benutzen, bei denen der geschilderte Nachteil weniger zu befürchten sein dürfte (vgl. auch im allgemeinen Teil S. 25). Als Desinfektionsmittel zum Reinigen von Tischen, Blumentöpfen und sonstigen Geräten kann auch heißes Wasser oder Seifenwasser dienen.

Zu Stecklingen ist nur gesundes, fleckenloses Material zu verwenden, das zweckmäßig kurze Zeit in Wasser von 20° C gelegt wird. Sollen Stecklinge von erkrankten oder verdächtigen Mutterpflanzen genommen werden, so empfiehlt es sich, nach dem Abblühen dieser alle Blätter zu entfernen und die vorhandenen Triebe abzuschneiden. Alsdann wird die Erde vom Wurzelballen abgeschüttelt und dieser durch Abspülen mit Wasser, dem ein wenig Ammoniak zugesetzt werden kann (die Konzentration darf höchstens 1 vH betragen), von der noch anhaftenden Erde befreit. Es erscheint zweckmäßig, das Tauchbad nicht länger als 5 Minuten auf den Wurzelballen einwirken zu lassen. Darauf erfolgt Eintopfen in einwandfreie, eventuell vorher gründlich gereinigte Töpfe, wozu selbstverständlich nur gesunde Erde zu verwenden ist. Ein anderes Verfahren, einwandfreies Stecklingsmaterial zu erhalten, beschreibt STEWART (vgl. S. 24).

Verbreitung. Als Schädling ist *A. ritzemabosi* bis jetzt festgestellt worden in Deutschland, England (GOLLEDGE, STEWART, SMITH), Schweden (KEMNER)[1], Dänemark (GRAM und ROSTRUP), Holland (RITZEMA-Bos), Frankreich (CHIFFLOT), Schweiz (OSTERWALDER), Österreich (FULMEK), Tschechoslowakei (ROZSYPAL), in den Vereinigten Staaten von Nordamerika (ATKINSON, STEINER 4), in Brasilien[2] und in Südafrika (SANDGROUND).

c) *Aphelenchus ribes* (Taylor 1917) Goodey 1923.
Tylenchus ribes TAYLOR 1917.

Historisches. Miß A. M. TAYLOR berichtet 1917 über eine Erkrankung an Schwarzen Johannisbeersträuchern, deren Symptome den Mißbildungen ähnlich sind, die durch die schwarze Johannisbeermilbe, *Eriophyes ribis* NAL., hervorgerufen werden. Als Erreger kommt hier aber ein Nematode in Betracht, der von RITZEMA-BOS und DE MAN aus dem zugesandten Material als zum Genus *Aphelenchus* gehörig bezeichnet wurde. Dennoch stellt TAYLOR den Nematoden zur Gattung *Tylenchus* (*Anguillulina*), da sie geneigt ist, „die dünnen Hautstreifen längs der Kloake" als Bursa zu deuten. Ein solcher feiner Streifen scheint zwar gelegentlich bei Aphelenchen angedeutet zu sein, ohne daß es jedoch jemals zur Ausbildung einer normalen Bursa kommt. Die der Veröffentlichung beigegebenen Abbildungen sprechen ferner sehr für einen *Aphelenchus*, so daß sich auch GOODEY (1) veranlaßt sieht, den Nematoden als einen *Aphelenchus* anzusehen. Einige Zeit später konnte GOODEY (3) dann auch an Hand frischen Materials seine Vermutung bestätigen.

---

[1] Nach brieflicher Mitteilung.
[2] Nach freundlicher Mitteilung des Herrn Dr. J. WILLE, Lima (Peru).

Morphologie.   Nach der von Goodey (3) vorgenommenen Nachprüfung der Größenverhältnisse[1] (s. Tabelle 2) hat der Nematode (Abb. 19) mit den beiden vorher behandelten, insbesondere mit *A. ritzemabosi*, große Ähnlichkeit, so daß man geneigt sein könnte, ihn praktisch mit diesem zu identifizieren. Zuweilen vorhandene Abweichungen in dem Längen-Breitenverhältnis und der Größe der Spicula sind keine konstanten Unterschiede; auch im anatomischen Bau sind beide Nematoden gleich. Eine größere Länge hat nur der Mundstachel, der hier 11—12 μ mißt. Im biologischen und pathogenen Verhalten bestehen jedoch zwischen beiden Nematoden gewisse Abweichungen.

Biologie. Nach den Beobachtungen Miß Taylors lebt der Parasit in den ober- und unterirdischen Knospen von Schwarzen Johannisbeersträuchern und vermehrt sich hier das ganze Jahr hindurch. Weiterhin wurde er auch in dem weichen Rindengewebe der jungen Schößlinge angetroffen, fehlt dagegen in den Wurzeln und innerhalb des Stengels. Im Frühjahr treten neben zahlreichen Weibchen auch Eier und Larven in größerer Menge auf. Hunderte von Nematoden finden sich dann in allen Entwicklungsstadien am Grunde der Knospenblätter und bilden eine weiße, wollähnliche Masse, die sich nur wenig bewegt. Sobald die Tiere aber in Wasser gebracht werden, gehen sie in aktive Bewegung über, wobei sie sich aus dem Knäuel loslösen. Gegen Trockenheit zeigen sie eine ziemlich hohe Widerstandsfähigkeit. Etwa 70 vH überlebten eine völlige Trockenperiode von 6 Monaten und wurden auf Anfeuchten nach 1 bis 2 Stunden wieder beweglich. Selbst nach 9 Monaten erwachte noch ein Teil wieder. Hierin liegt die Bedeutung für die Ausbreitung der Krankheit, wenn durch Wind oder sonstige mechanische Ursachen trockenes Infektionsmaterial zerstreut wird. Auch durch starke Regengüsse können die Nematoden abgespült werden und eine Weiterinfektion herbeiführen.

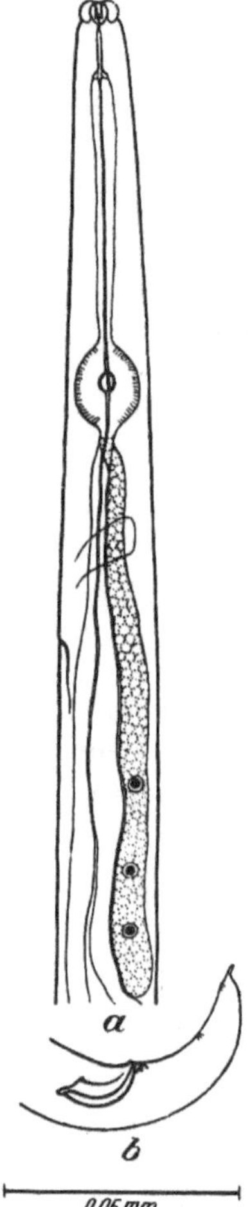

Abb. 19. *A. ribes. a* Vorderende, *b* Schwanzende des Männchens. (Nach Goodey 3.)

Miß Taylor stellte einige Übertragungsversuche auf andere Pflanzen an. Hierbei gelang es ihr, die Krankheit in 25 vH der Fälle auch auf die

---

[1] Die von Goodey (1) angegebenen Maße sind nach den Abbildungen Taylors berechnet und weichen von seinen eigenen Messungen nicht unerheblich ab.

Rote Johannisbeere und die Stachelbeere zu übertragen. Es wurden aber nur die bereits ausgebildeten Blätter befallen, nicht die Blätter in den noch schlafenden Knospen. Die infizierten Pflanzen erholten sich jedoch bald wieder. Bei der Erdbeere konnte weder die typische Blumenkohlkrankheit noch sonst irgendeine Blattverfärbung erzielt werden, was TAYLOR auch als einen Beweis für die Verschiedenheit der beiden Nematoden ansieht (vgl. S. 51). Schließlich wurden noch Hafer, Weizen, Klee und Zwiebel in Laboratoriumsversuchen infiziert, die aber — abgesehen von einigen manchmal auftretenden Blattflecken unsicheren Ursprungs — keine Krankheitserscheinungen zeigten.

Krankheitssymptome. Bei ihren Wanderungen, die naturgemäß nur bei entsprechender Feuchtigkeit unternommen werden, können die Nematoden die Knospenanlagen auf zweierlei Art angreifen: entweder sammeln sie sich an der Basis der äußeren Knospenblätter, die zwar widerstandsfähiger und weniger sukkulent sind als die zarten inneren Blattanlagen, aber an ihrer Basis einen Ring von sehr sukkulentem Gewebe haben, der durch die Tätigkeit der Nematoden einreißt, wodurch die Knospe zum Absterben gebracht wird. In dem absterbenden Gewebe setzt dann eine weitere Vermehrung der Nematoden ein. Oder aber es dringen im anderen Falle die Parasiten durch die Zwischenräume der an den Blättern befindlichen Harzdrüsen, indem sie diese selbst unverletzt lassen, in die inneren Blattanlagen ein. Charakteristisch für den Nematodenbefall ist die Ausscheidung eines Saftes aus dem verletzten Gewebe, und zwar scheiden die terminalen Knospen meist mehr Flüssigkeit ab als die lateralen. Namentlich im Frühjahr, wenn die Knospen noch sehr zart sind, wird ein Nematodenbefall für diese sehr gefährlich.

Das Absterben der Knospen setzt zunächst an der Spitze des Schößlings ein, der nach Zerstörung der oberen Knospen bis zur nächsten noch lebenden abstirbt. Hierauf werden die benachbarten Schößlinge befallen, wobei die Nematoden auch das saftige Rindengewebe der jungen Schößlinge nicht verschmähen. An Stelle der abgestorbenen bildet der Strauch neue, so daß bei der Anwesenheit absterbender und teilweise abgestorbener Schößlinge mit runzliger Rinde und fadengleich zulaufender Spitze eine unregelmäßige büschelförmige Wuchsform zustande kommt, die ein charakteristisches Zeichen für den Nematodenbefall darstellt.

Bekämpfung. Über eine Bekämpfung der Krankheit liegen noch keine Erfahrungen vor. Sie werden sich aber von den im allgemeinen Teil gemachten Ausführungen nicht grundsätzlich unterscheiden.

Verbreitung. Die Krankheit ist bisher nur von Miß TAYLOR und GOODEY (3) in der Umgebung von Cambridge (England) angetroffen worden.

d) *Aphelenchus subtenuis* Cobb 1926.

Cobb fand diesen Nematoden in Narzissenknollen in den Staaten Florida, Georgia, Virginia und Nord- und Südkarolina (U.S.A.)[1]. Er gibt folgende Formel für Weibchen und Männchen an:

$$\varfemale \;\; \frac{1{,}4 \quad 8{,}6 \quad ? \quad (\text{Med.}) \quad {}^{60}70^{15} \quad 95{,}4}{1{,}2 \quad 1{,}8_{/} \quad ? \quad (2{,}7) \quad 2{,}4 \quad 1{,}6} \; 0{,}9 \text{ mm}$$

$$\varmale \;\; \frac{1{,}7 \quad 8{,}0 \quad ? \quad {}^{80}M \quad 95{,}7}{1{,}3 \quad 2{,}0_{/} \quad ? \quad 2{,}4 \quad {}_{1}1{,}7_{3E}} \; 0{,}75 \text{ mm}$$

Nach Cobb soll der Nematode eine große Ähnlichkeit mit *A. ritzema-bosi* haben. Nur ist er in den Maßen etwas kleiner als dieser. Die Spicula gleichen im Habitus dem Kopulationsorgan der an Pflanzen vorkommenden Form von *A. parietinus (modestus)* Bastian. Es sind ferner vier (oder fünf) Paar ventrale submediane Schwanzpapillen vorhanden, und zwar ein Paar präanal gegenüber dem proximalen Ende der Spicula, ein Paar unmittelbar hinter dem Anus, ein Paar wenig hinter der Mitte des Schwanzes und zwei einander genäherte Paare, die öfter als ein Paar erscheinen, gerade am terminalen Schwanzfortsatz. Von *A. ritzemabosi* unterscheidet sich dieser Nematode demnach durch den Besitz mehrerer Papillen, insbesondere eines präanalen Papillenpaares. Über die Lebensweise dieses Nematoden macht Cobb keine Angaben.

Die Krankheitssymptome, die den durch *Anguillulina dipsaci* hervorgerufenen Erscheinungen ähnlich sehen, äußern sich zunächst in einer Vergilbung und späteren Braunfärbung der Blätter. Sodann tritt die Infektion auch auf die Zwiebel selbst über, deren Schuppen gleichfalls vergilben und später unter Krümmungserscheinungen braun werden. Cobb nimmt an, daß die Nematoden mit Knollen oder Stecklingen aus Europa eingeführt worden sind. Bei einer aus Frankreich kommenden für Kalifornien bestimmten Sendung Narzissenknollen zeigte sich dann auch $1/3$ der Ladung erkrankt (o. Verf. 11). Als Bekämpfungsmaßnahme eignet sich die Warmwasserbehandlung der Knollen in der Form, wie sie auch bei Befall durch *Anguillulina dipsaci* angewendet wird (vgl. S. 24).

In Narzissenknollen, die aus Illinois (U.S.A.) stammten, wurde auch ein als *A. apiculatus* n. sp. bezeichneter Nematode gefunden (Plant Disease Reporter 12, S. 35. 1928), von dem jedoch noch keine Beschreibung vorliegt.

e) *Aphelenchus olesistus* Ritzema-Bos 1893.

Synonym: *Aphelenchus ormerodis* (Ritz.-Bos) Marc. 1908 part.

Historisches. Die erste sichere Beobachtung, die sich auf *A. olesistus* bezieht, rührt von W. G. Smith in Dunstable (England) her, der im

---

[1] Da mir die Originalarbeit nicht zugänglich war, beziehe ich mich in meinen Ausführungen hauptsächlich auf die von Goodey (3) gemachten Mitteilungen.

Jahre 1890 eine Nematodenkrankheit an Begonien feststellte. Zwar berichtet derselbe Forscher schon 1881 über eine durch Nematoden hervorgerufene Krankheit an *Odontoglossum* (Orchid.), doch geht aus der Mitteilung nicht mit Sicherheit hervor, ob es sich tatsächlich um *A. olesistus* gehandelt hat. Im Jahre 1891 beobachtete dann KLEBAHN in Bremen eine durch Nematoden hervorgerufene Erkrankung von Farnen, insbesondere von *Asplenium bulbiferum*. Auf Grund der mikroskopischen Untersuchung mußten die Tiere zur Gattung *Aphelenchus* gestellt werden. In der gleichen Farnart und in *Asplenium diversifolium* fand sie RITZEMA-BOS, der sie als eine bisher noch unbekannte Art erkannte und als *A. olesistus* beschrieb (1893). Nach Bekanntwerden seiner Arbeit wurde dann in rascher Folge eine beträchtliche Zahl weiterer Wirtspflanzen, hauptsächlich Zierpflanzen, festgestellt. Die von MARCINOWSKI (2) vorgenommene Zusammenfassung von *A. fragariae, A. ormerodis* und *A. olesistus* zu einer Art unter dem Namen *A. ormerodis* hat in der nachfolgenden Zeit zu gewissen Nachteilen geführt, die sich auch bei der Aufstellung eines Wirtspflanzenverzeichnisses für den Nematoden geltend machen, insofern es heute oft schwer, wenn nicht zuweilen unmöglich ist, die den Autoren vorgelegene Art nach ihrer Beschreibung mit Sicherheit wieder zu erkennen. Es kann daher bei dem am Schlusse dieses Abschnittes (S. 64—66) gegebenen Wirtspflanzenverzeichnis von *A. olesistus* nicht versichert werden, daß es sich bei den erkrankten Pflanzen in allen Fällen um ein Auftreten von *A. olesistus* gehandelt hat.

Morphologie. In vielen Punkten gleicht *A. olesistus* dem Erdbeer- und Chrysanthemumnematoden. Seine Hauptunterscheidungsmerkmale bestehen darin, daß der Excretionsporus fast auf der Höhe des vorderen Nervenringrandes nach außen mündet (Abb. 20). Ferner ist die Krümmung des ♂Schwanzendes meist sehr gering; sie entspricht einem Kreissegment von etwa 60°. Ein weiterer Unterschied liegt in der Länge des vorderen Vaginalabschnittes beim ♀ (beginnend bei *SPH* der Abb. 20), der mehr als doppelt so lang ist wie der hintere. Gegenüber dem Chrysanthemumnematoden ist dieser Parasit zudem noch erheblich kleiner (vgl. Tabelle 2, S. 96f.).

Die aus den verschmolzenen Lippen bestehende Kopfkappe ist nach den Beschreibungen der einzelnen Autoren nicht konstant. Während MARCINOWSKI und SCHUURMANS-STEKHOVEN von einem wulstigen Kopfende sprechen und auch ein solches abbilden, erwähnt SCHWARTZ ausdrücklich, daß dasselbe zylinderförmig ausgebildet ist. Nach eigenen Beobachtungen ist es schwach wulstig ausgebildet, jedoch niemals so stark wie bei *A. fragariae* oder *A. ritzemabosi*. An der Außenseite der Kopfkappe sind bei scharfer Einstellung die beiden stark lichtbrechenden Amphiden zu erkennen. Das Lumen des Mundstachels, dessen Vorderende von kleinen Chitinstückchen (Führungsleisten?) umstellt wird, ist bei diesem Nematoden größer als bei den vorher behandelten Blattaphelenchen. Innerhalb des Ösophagusbulbus sind nur die radiären Ausstrahlungen zu erkennen. Im Bau des Darmes und des Fortpflanzungsapparates zeigen sich keine Abweichungen. Die Spicula sind nur ein wenig schlanker und messen an ihren dorsalen Stücken 0,014 mm, an ihrem ventralen 0,008 mm. Schwanzpapillen sind auch hier vielfach nur schwach angedeutet und daher übersehen worden. Nach Goodey (3) haben sie dieselbe Lage wie bei Erdbeer- und Chrysanthemumnematoden.

Biologie. Über die Entwicklung von *A. olesistus*, die aller Wahrscheinlichkeit nach der von *A. ritzemabosi* und *A. fragariae* ähnlich ist, liegen besondere Angaben nicht vor. Dagegen sind über die Art der Infektion und über das Eindringen der Nematoden in pflanzliches Gewebe auch hier mehrfach zum Teil sich widersprechende Beobachtungen angestellt worden, die — um es vorwegzunehmen — mit den bei *A. ritzemabosi* gemachten Untersuchungen nunmehr wohl übereinstimmen dürften. W. G. Smith (3) meinte, daß die Nematoden von der Wurzel der Begonien aus aufwärts durch den Stamm in die Hauptblattnerven einwandern und sich von ihrem Inhalt ernähren „eat away the substance of the main ribs" (S. 298). Aber schon Klebahn äußert starke Bedenken gegen eine Einwanderung der Nematoden von der Wurzel aus. Nach seiner Meinung dringen die Nematoden durch die Epidermis, vielleicht durch die Stomata, in die Blätter ein. Ritzema-Bos (3) hat dann die Frage des Eindringens in die Pflanzen zum Gegenstand einer näheren Untersuchung gemacht und

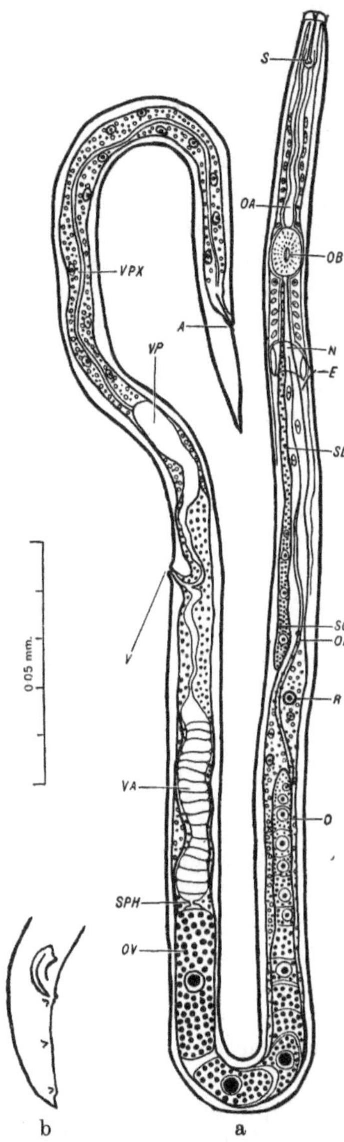

Abb. 20. *A. olesistus*. a Weibchen, b Schwanzende des Männchens. Erklärung: *A* After, *VPX* Grenze der hinteren Vagina, im übrigen wie bei Abb. 15.
(a nach Stewart, b nach Goodey 3.)

glaubt (S. 75), daß „die Anguilluliden aus den unterirdischen Teilen in die Blattstiele und später in die Blattspreiten ziehen. . . . Erst im Mesophyll der Blättchen kommen die Älchen zu stärkerer Vermehrung." Er lehnt also ein Eindringen der Nematoden durch die Spaltöffnungen ab. Von verschiedener Seite ist dann bald die eine, bald die andere Ansicht vertreten worden. Große Beachtung verdient aber die Beobachtung Osterwalders (5), nach der ein *Aphelenchus* auf dem Wege durch die Spaltöffnungen zwischen den Schließzellen gefunden wurde. Hierdurch war die Möglichkeit eines solchen Weges für die Nematoden jedenfalls erwiesen; es blieb nur noch die Frage, ob dieser Weg für die Neuinfektion gesunder Pflanzen von wesentlicher Bedeutung ist. Sorauer (2) schließt sich der Ansicht Osterwalders, die Infektion gehe durch die Spaltöffnungen vor sich, an. Er nimmt eine Verbreitung der Nematoden von Blatt zu Blatt an der Oberfläche an, die sich nur vollzieht, wenn die Pflanzen mit Wasser benetzt sind. Die gleiche Ansicht vertritt auch Mangin bei der von ihm beschriebenen Nematodenkrankheit der Immortellen: „L'intégrité des tissus du pédoncule floral exclut l'idée d'un cheminement du parasite à travers des tissus; c'est par l'extérieur que les capitules sont infectés."

Sorauer (2) hält zwar eine Einwanderung der Nematoden von unten durch das Pflanzeninnere für ausgeschlossen; doch wollen Ritzema-Bos (3) und später Marcinowski (2) bei Begonien nicht selten vereinzelte Tiere in den Stengeln gefunden haben. Aus diesen Befunden aber zu schließen, daß „eine Wanderung durch die Stengel von Blatt zu Blatt . . . möglich ist" (Marcinowski 2, S. 437), halte ich nicht für angängig, da die Aphelenchen auch durch Verletzungen der Epidermis von außen in den Stengel eingedrungen sein können. Auch der einzige von Marcinowski durchgeführte Versuch mit Begonien (S. 439—440), bei dem oberhalb eines um den Stamm gelegten Vaselinringes nur ein Blatt „kleine Flecke zeigte", während die übrigen gesund blieben, ist noch kein sicherer Beweis für eine Wanderung der Aphelenchen durch den Stengel. Ferner berichten weder Ritzema-Bos noch Marcinowski von einer Eiablage innerhalb des Stengels. Ich halte es demnach für wahrscheinlicher — wenn auch nicht erwiesen —, daß sich *A. olesistus* in dieser Beziehung ähnlich verhält wie der Chrysanthemumnematode.

Nach dem Eindringen durch Spaltöffnungen und durch etwa vorhandene sonstige Blattverletzungen halten sich die Nematoden in den Interzellularräumen auf und schreiten hier zur Vermehrung. Von den unteren ältesten Blättern nimmt dann die Hauptinfektion ihren Ausgang, indem zunächst die jüngeren, schließlich auch die jüngsten Blätter befallen werden. Durch Berührung zweier Blätter wird die Krankheit auch auf die Nachbarpflanzen übertragen und so in verhältnismäßig kurzer Zeit ein ganzer Bestand infiziert.

Die Widerstandsfähigkeit gegen die Trockenheit scheint bei diesem Nematoden nicht so groß zu sein wie beim Chrysanthemumnematoden. Wie ich nämlich bei trocken aufgehobenen erkrankten Begonienblättern beobachten konnte, waren die Älchen in 1 Monat abgestorben, während der Chrysanthemumnematode, wie unten gezeigt wurde, viele Monate lebend bleiben kann. Es ist hierbei freilich zu berücksichtigen, daß die

Abb. 21. Blattfleckenkrankheit eines Farnwedels (*Pteris*) durch *A. olesistus* hervorgerufen. Photographie gegen Licht. (Nach MARCINOWSKI 2.)

zarteren Begonienblätter schneller austrocknen als die derben Chrysanthemumblätter. In mehreren Fällen konnte ferner die Beobachtung gemacht werden, daß Pflanzen mit typisch erkrankten Blättern, insbesondere Farne, bei der Untersuchung keine Älchen mehr aufwiesen, obwohl andere Pflanzen in ihrer Nähe die Nematoden noch enthielten. Es liegen also auch hier ähnliche Verhältnisse vor, wie sie bei *A. fragariae* und dem Stockälchen (*Anguillulina dipsaci* KÜHN) zuweilen beobachtet worden sind.

Krankheitserscheinungen. Gegen *A. olesistus* scheinen besonders Pflanzen mit wasserreichen oder mit grundständigen, das Erdreich berührenden Blättern anfällig zu sein. Im Anfangsstadium zeigen die befallenen Blätter verschiedenfarbige hell- oder dunkelbraune Flecken, die entsprechend dem Laufe der Gefäße mehr oder weniger scharfrandig be-

Abb. 22. Blattfleckenkrankheit an *Pteris biaurita* var. *argyraea* durch *A. olesistus* hervorgerufen. (Nach LAUBERT 1.)

grenzt sind, von der normalen Blattfarbe sich aber deutlich unterscheiden.

Im weiteren Verlaufe werden die Flecken braun oder schwarz; zuweilen sind sie auch gegenüber dem gesunden Gewebe durchscheinend und von papierartiger Beschaffenheit. Die Nematoden, die sich in den Interzellularen aufhalten, rufen zuerst an der Epidermisschicht Krankheitserscheinungen hervor und dringen dann bis zur Palisadenschicht vor. Die Zellen flachen sich infolge Abnahme des Turgors ab; der Zellinhalt löst sich von der Zellwand, die Chlorophyllkörner verfärben sich gelb und ballen sich klumpenartig zusammen. Ist die Veränderung weit vorgeschritten, so erfolgt der Zusammenfall der Mesophyllschichten. Im großen ganzen ist dies das Krankheitsbild bei allen Pflanzen. Im einzelnen weichen jedoch die Krankheitssymptome bei den einzelnen Pflanzen voneinander ab, so daß es zweckmäßig erscheint, die wichtigsten Wirtspflanzen getrennt zu betrachten.

An Farnen zeigen sich besonders deutlich die durch die Nervatur begrenzten Befallsstellen. Namentlich dort, wo die Infektion noch gering

Abb. 23. Blattfleckenkrankheit bei Begonie „*Gloire de Lorraine*" durch *A. olesistus* hervorgerufen. (Nach MARCINOWSKI 2.)

ist, wechseln dunkelbraune Stellen mit frisch grünen ab, so daß der Farnwedel ein streifiges Aussehen erhält (Abb. 21, 22). Oft verschmelzen diese miteinander zu breiten braunen Flecken oder Bändern. Im weiteren Verlauf der Krankheit kommt es durch nachträgliches Wachstum in der Umgebung des abgestorbenen Gewebes zu Zerreißungen in diesem. Eine Erschlaffung der abgestorbenen Teile tritt fast gar nicht auf, da die Fiederblättchen der Farne im Gegensatz zu den Blättern anderer Pflanzen weniger wasserreich sind. Die Krankheit ist vor allem im Herbst auch im Freiland zu beobachten und kann in kurzer Zeit ganze Farnbestände vernichten.

Nach RITZEMA-BOS (3), OSTERWALDER (4), SORAUER (2) und MARCI-

NOWSKI(2) folgen die an Begonien[1] durch Nematoden hervorgerufenen Blattflecken dem Laufe der Gefäßbündel und werden von diesen weniger scharf begrenzt (Abb. 23). Die Blätter beginnen in den Interkostalfeldern oder vom Rande her einen gelben Farbenton anzunehmen. An diesen Stellen erscheinen sie im durchfallenden Lichte meist glasig, durchscheinend. Infolge der zellzerstörenden Tätigkeit der Nematoden kollabieren sie bald, so daß Blattober- und -unterseite einander genähert sind. Erst dann verliert auch die Epidermis ihre grüne Farbe und wird in radiärer Ausbreitung erst gelb, später kupferfarben und schließlich braun. Am längsten bleiben die Blattnerven kräftig, bis auch sie, die kleineren zuerst, erschlaffen, worauf das ganze Blatt kollabiert. Außerordentlich leicht anfällig sind besonders die Lorraine-Begonien, die daher auch eine sorgfältige Behandlung verlangen.

Abb. 24. Krankheitsbild der Gloxinie bei Befall durch *A. olesistus*. (Nach Landw. Ztg. f. Westf. u. Lippe, 85. Jahrg., Nr. 25, 1928.)

An Orchideen beobachtete vermutlich W. G. SMITH (2) zuerst die Krankheit. Er fand auf den Blättern von *Odontoglossum* mißfarbene Flecken mit eingerissener Epidermis. Allerdings ist es nicht erwiesen, daß es sich bei den im Blattgewebe angetroffenen Nematoden tatsächlich um *A. olesistus* handelte. OSTERWALDER (5) stellte die Krankheit an *Epipactis palustris* fest und betont, daß die Blattflecken nicht so scharf begrenzt sind wie an Dicotylenblättern. Die gleiche Beobachtung machte auch MARCINOWSKI (2) an *Cypripedium*-Blättern, bei denen sich die Krankheitssymptome zuerst an den ältesten Blättern bemerkbar machten und darauf auf die jüngeren übergingen. Auch in diesem Falle kollabierten zunächst die erkrankten Stellen, um sich dann ganz zu verfärben und auch die übrigen Blatteile in Mitleidenschaft zu ziehen.

In erheblichem Maße kann *A. olesistus* zuweilen an Gloxinien schädlich werden (Abb. 24). So berichtet OSTERWALDER (1) von einer epidemischen Erkrankung, die darin besteht, daß die bis zur Blütenanlage scheinbar völlig gesund heranwachsenden Pflanzen auf der Blattunterseite zunächst kleinere gelbe, dann braun werdende Flecke zeigen, die sich rasch ausbreiten, worauf die Blätter sich einrollen und absterben.

---

[1] Die von HOFER (Z. Pflanzenkrkh. **11**, 191 [1901]) als Wurmkrankheit der Begonien bezeichnete Krankheit wird durch *Heterodera* (*Caconema*) *radicicola* GREEFF hervorgerufen, die bekanntlich Gallen an den Wurzeln bildet.

Nicht selten tritt schon nach wenigen Tagen der Tod der Pflanze ein. Denselben Krankheitsverlauf und die gleich schnelle Ausbreitung wurde auch MARCINOWSKI von einem Besitzer kranker Gloxinien, der ihr zwecks. Feststellung der Krankheitsursache Material zusandte, mitgeteilt.

OSTERWALDER (3) berichtet ferner über schwere Schädigungen des Usambaraveilchens (*Saintpaulia ionantha*; Abb. 25). Besonders auf der rotgefärbten Unterseite fallen zahlreiche braune Punkte und Flecken auf, die zumeist an den Nerven entlang verlaufen und sich gerade hier bei dem stark entwickelten Schwammparenchym sehr schnell ausbreiten und die Pflanze zugrunde richten können.

Abb. 25. *Saintpaulia ionantha* durch *A. olesistus* geschädigt. (Nach OSTERWALDER 4.)

Auch bei *Eucharis amazonica* erfolgt die Ausbreitung der anfangs gelb, später braun werdenden Flecken ziemlich schnell. Bei trockener Luft werden die braunen Stellen papierartig trocken, und es lassen sich dann dunklere unregelmäßige Zonen auf hellerem gebräuntem Grunde unterscheiden. Charakteristisch sind vor allem die in den noch grünen Blatteilen auftretenden tiefen, etwas querverlaufenden Eindrücke, die SORAUER (1, S. 534) treffend mit solchen Vertiefungen vergleicht, die entstehen, „wenn jemand mit einem benagelten Stiefel auf die Blattunterseite treten würde".

Kurz sei noch die von MANGIN beobachtete „Rostkrankheit" der Immortellen (*Helichrysum*) erwähnt. Die Krankheitserscheinungen bestehen darin, daß die Blütenköpfchen rötlich werden und im Herzen einen charakteristischen braunen Fleck zeigen. Die einzelnen Blütchen sind an ihrer Basis braun, die zentral stehenden zeigen sogar eine gewisse Wachstumshemmung; die Haare der Kelchblätter und die Kronenblätter erscheinen infolge der gebräunten Protoplasmamasse marmoriert. In jedem Blütchen fand MANGIN 1—10 Nematoden, in jedem Köpfchen mehrere Hundert. Die von DE MAN vorgenommene Bestimmung ließ, da Männchen nicht gefunden wurden, nicht sicher erkennen, ob eine *Anguillulina* oder ein *Aphelenchus* vorlag. Nach ROSELLA, der in einem kürzlich erschienenen Beitrag auf die Bedeutung der Krankheit für die Kulturen in der Gegend von Ollioules hinweist, handelt es sich wahrscheinlich um *Anguillulina dipsaci* KÜHN. Eine sichere Bestimmung der Parasiten steht aber noch aus. MANGIN führt ferner eine Beobachtung MOURSONS an, wonach die in einem außergewöhnlich trockenen Jahr in gesundem Zustand geernteten Immortellen erst die Krankheit zeigten, nachdem sie einige Monate im Magazin gelagert hatten. Ob es sich um

die gleiche Krankheitsursache handelt, und welche Gründe gegebenenfalls
für das so späte Auftreten der Krankheit in Betracht kommen können,
ist ungeklärt.

A. olesistus wurde bei einer großen Anzahl weiterer Garten- und
Gewächshauspflanzen gefunden, deren Blätter saftreich und mehr
oder weniger dicht behaart sind. Einmal sind es Pflanzen mit boden- und
grundständigen Blättern, wie *Primula* und *Statice*, bei denen die Infektion von der Erde aus durch Regenschlag zustande kommen kann; weiterhin erkranken aber auch Pflanzen, deren Blätter nicht mit dem Erdboden in Berührung kommen, wie *Cyperus*, *Fuchsia*, *Salvia* und *Peltiphyllum*. Auch sind die symptomatischen Erscheinungen nicht in allen
Fällen gleich. Teils sind die Befallsstellen durch die Blattnerven scharf
umrissen, so nach OSTERWALDER (8) bei *Peltiphyllum peltatum*, *Primula
rosea*, *P. cashmiriana*, *Salvia splendens*, *Horminum pyrenaicum* und *Glechoma hederaceum* (panasch. Form), teils nur wenig oder gar nicht begrenzt,
wie bei *Cyperus alternifolius*, *Fuchsia*, *Statice latifolia* und *Pentastemon
gentianoides*. Ebenso variiert die Blattfarbe an den erkrankten Stellen.
Sie kann, wie bei *Fuchsia*, *Pentastemon* und *Horminum*, zunächst braun-
rot sein oder in braun und schwarz übergehen (*Glechoma*, *Cyperus*) oder
auch nur einen gelblichen Ton annehmen, wie bei den beiden *Primula*-
Arten und bei *Peltiphyllum*. Außer einer Blattverfärbung können sogar
Krankheitserscheinungen auftreten, wie sie durch das Stengelälchen hervorgerufen werden. So erwähnt OSTERWALDER (8) die Ähnlichkeit der
Krankheit bei *Pentastemon* mit den bei *Phlox decussata*, *Chelone glabra*
und *Chelone barbata* durch das Stengelälchen erzeugten Mißbildungen,
die sich in einem zwerghaften Wuchs der jüngeren Triebe und einem ge-
wissen Dickenwachstum der Stengel geltend machten. Dieser Parasit
scheint sogar nicht selten mit *A. olesistus* vergesellschaftet zu sein.
Solche Fälle sind bei *Anemone japonica* (OSTERWALDER 2, S. 41 und
RITZEMA-BOS 6, S. 97—98 mit Entgegnung OSTERWALDERS 6) und bei
Pentastemon (OSTERWALDER 8, S. 521—522) beobachtet worden. Vielleicht gehört auch die Nelke hierhin. BERKELEY (1) fand nämlich in
Blattflecken einer Nelke einen als *Anguillulina* gedeuteten Nematoden.
Diese Mitteilung wird durch eine Beobachtung SMITHS (1) bestätigt. Eine
Verwechslung mit der Gattung *Aphelenchus* scheint aber leicht möglich
zu sein (die durch das Stockälchen hervorgerufene „Ananaskrankheit‟
der Nelke äußert sich nach RITZEMA-BOS (1) in anderer Form), da keiner
von beiden eine nähere Beschreibung oder Abbildung des Parasiten gibt.
An Astern ist sogar eine dreifache Infektion festgestellt worden (STURGIS),
und zwar trugen die Pflanzen an den Wurzeln „rundliche und spindelförmige Gallen‟ (*Heterodera radicicola*?) und in den erkrankten Stengeln
neben *Rhabditis* spec. auch *Aphelenchus* (*olesistus*?), der als Parasit
angesehen wurde.

Wirtspflanze	Fundort	Erster Beobachter[1]
Acrostichum flagelliferum . . .	Schweiz	OSTERWALDER 1901
Adiantum capillus Veneris . . .	,,	,, 1901
,, *peruvianum*	Deutschland	LAUBERT 1910
,, *polyphyllum*	,,	,, 1910
,, *tenerum*	,,	unveröffentlicht 1924[2]
,, *trapeziforme*	,,	GOFFART 1929
Aneimia Phyllitidis	,,	LAUBERT 1910
Anemone japonica	,,	OSTERWALDER 1902
,, *nemorosa*	,,	GOFFART 1929
,, *silvestris*	,,	OSTERWALDER 1902
Aspidium Barteri	,,	LAUBERT 1910
Asplenium bulbiferum	,,	KLEBAHN 1891
	Schweiz	OSTERWALDER 1901
,, *diversifolium*	Deutschland	KLEBAHN 1891
,, *nidus*	,,	GOFFART 1929
	England	GOODEY 1928
Aster spec.	Connecticut (U. S. A.)	STURGIS 1892
	Deutschland	LUDWIG 1909
Athyrium umbrosum	,,	LAUBERT 1910
Atragene alpina	,,	OSTERWALDER 1902
Begonia spec.	England	SMITH 1890
	New-Jersey (U. S. A.)	HALSTED 1890
	Holland	RITZEMA-BOS 1893
	Schweiz	OSTERWALDER 1900
	Belgien	NOACK 1902
	Böhmen	BUBAK 1911
	Dänemark	1924 (o. Verf. 1)
Begon. Gloire de Lorraine . . .	Deutschland	SORAUER 1900
	Illinois (U. S. A.)	DAVIS 1912
	Dänemark	1924 (o. Verf. 1)
,, *fuchsioides*	Deutschland	MARCINOWSKI 1908
,, *hybrid. Vernon*	,,	,, 1908
,, *rex*	Tschechoslowakei	SMOLAK 1925
,, *semperflorens*	Deutschland	OSTERWALDER 1901
Blechnum brasiliense.	Schweiz	,, 1901
	England	GOODEY 1928
	Deutschland	GOFFART 1929
,, *longifolia*	England	GOODEY 1928
Bouvardia spec.	New-Jersey (U. S. A.)	HALSTED 1890
Calceolaris spec.	Schweiz	OSTERWALDER 1901
	Dänemark	1925 (o. Verf. 1)
Ceropteris calomelanos	Deutschland	LAUBERT 1910
Chrysanthemum spec.	Dänemark	1924 (o. Verf. 1)
,, *leucanthemum* .	Holland	VAN POETEREN 1922
Clematis spec.	Deutschland	RITZEMA-BOS 1896
	Holland	,, 1896
Coleus spec.	New-Jersey (U. S. A.)	HALSTED 1890

[1] Soweit dieser festgestellt werden konnte.
[2] Material in der Biol. Reichsanstalt.

Wirtspflanze	Fundort	Erster Beobachter[1]
Coleus spec.	Holland	RITZEMA-BOS 1900
	Schweiz	HOFER 1901
Crassula spec.	Holland	RITZEMA-BOS 1904
Cyperus alternifolius	Schweiz	OSTERWALDER 1913
Cypripedium spec.	Deutschland	MARCINOWSKI 1908
Cyrtodeira chontalensis	Schweiz	OSTERWALDER 1901
Cystopteris fragilis	,,	,, 1902
,, *bulbifera*	,,	,, 1902
Davallia solida	Deutschland	unveröffentlicht 1924[2]
,, spec.?	England	GOODEY 1928
Dianthus caryophyllus?	,,	BERKELEY 1881
Diplazium expansum	Deutschland	LAUBERT 1910
,, *Sheperdi*	,,	unveröffentlicht 1924[2]
,, *silvaticum*	,,	LAUBERT 1910
Doronicum spec.	,,	MERKEL 1929
Epipactis palustris	Schweiz	OSTERWALDER 1902
Eryngium alpinum	,,	,, 1902
Eucharis amazonica	Deutschland	SORAUER 1886
Ficus comosa	New-Jersey (U. S. A.)	HALSTED 1890
,, *radicans*	Deutschland	LÜSTNER 1903
,, *stipulata*	,,	,, 1903
Fuchsia spec.	Schweiz	OSTERWALDER 1915
Glechoma hederaceum (pan. Form)	,,	,, 1915
Gloxinia hybrida	,,	,, 1901
	Deutschland	MARCINOWSKI 1908
Gymnogramme calomelanos . . .	Schweiz	OSTERWALDER 1901
Helichrysum spec.	Frankreich	MANGIN 1895
Helleborus foetidus	Deutschland	LUDWIG 1910
Hepatica triloba	Schweiz	OSTERWALDER 1902
Heuchera sanguinea	,,	,, 1902
Lantana spec.	New-Jersey (U. S. A.)	HALSTED 1890
Lomaria spec.	Deutschland	MARCINOWSKI 1908
,, *ciliata*	,,	LAUBERT 1910
	England	STEWART 1921
Lygodium circinatum	Deutschland	LAUBERT 1910
,, *dichotomum*	England	STEWART 1921
Microlepia platiphylla	Deutschland	LAUBERT 1910
Nephrodium polymorphum . . .	,,	,, 1910
Odontoglossum spec.	England	SMITH 1886
Osmunda regalis	Deutschland	unveröffentlicht 1923[2]
Papaver spec. (pan. Form) . . .	New-Jersey (U. S. A.)	HALSTED 1890
Paphiopedilum spec.	Deutschland	nach WILKE in SCHLECHTER 1927
Pelargonium spec.	New-Jersey (U. S. A.)	HALSTED 1890
	Holland	RITZEMA-BOS 1900
Peltiphyllum peltatum	Schweiz	OSTERWALDER 1915
Pentastemon gentianoides	Schweiz	OSTERWALDER 1915

[1] Soweit dieser festgestellt werden konnte.
[2] Material in der Biol. Reichsanstalt.

Wirtspflanze	Fundort	Erster Beobachter[1]
Polypodium aureum areolatum .	Deutschland	LAUBERT 1910
„ *phymatodes*	„	„ 1910
Primula denticulata cashmiriana .	Schweiz	OSTERWALDER 1915
„ *obconica*	„	RUDLOFF 1923
„ *rosea*	„	OSTERWALDER 1915
Pteris spec..	New-Jersey (U. S. A.)	HALSTED 1890
	Tschechoslowakei	SMOLAK 1923
„ *altissima*	Deutschland	LAUBERT 1910
„ *biaurita allosora*	„	„ 1910
„ „ *argyrea*	„	„ 1910
„ „ *quadriaurita*. . .	„	„ 1910
„ „ *repandula* . . .	„	„ 1910
„ *cretica*	Schweiz	HOFER 1901
	Holland	RITZEMA-BOS nach
		HOFER 1901
	Deutschland	MARCINOWSKI 1908
		„ 1908
„ „ *crispa*	„	
„ „ *albolineata*	Holland	CATTIE 1901
„ „ *major*	Deutschland	LAUBERT 1910
„ „ *Wimsetti*	„	„ 1910
„ „ *nobilis*	Schweiz	OSTERWALDER 1901
„ *denticulata* (= *Pt. brasi-*		
liensis)	Deutschland	LAUBERT 1910
„ *Drinkwateri*	„	„ 1910
„ *podophylla*	„	„ 1910
„ *serrulata*	Schweiz	OSTERWALDER 1901
	Deutschland	MARCINOWSKI 1908
„ „ *cristata*	Schweiz	OSTERWALDER 1901
	Deutschland	MARCINOWSKI 1908
„ *Ouvrardi cristata*	Holland	CATTIE 1901
„ *longifolia*	Schweiz	OSTERWALDER 1901
	Deutschland	MARCINOWSKI 1908
	England	GOODEY 1928
„ „ *Mariesii*. . . .	Deutschland	LAUBERT 1910
„ *tremula*	Schweiz	OSTERWALDER 1901
	Deutschland	MARCINOWSKI 1908
Ranunculus alpestris.	Schweiz	OSTERWALDER 1902
„ *montanus*	„	„ 1902
Saintpaulia ionantha	„	„ 1900/01
Salvia spec.	New-Jersey (U. S. A.)	HALSTED 1890
	Deutschland	MERKEL 1929
„ *splendens*	Schweiz	OSTERWALDER 1915
Scabiosa silenifolia	„	„ 1902
Spiraea astilboides	„	„ 1902
Stenochlaena tenuifolia.	Deutschland	LAUBERT 1910
Stenoglottis longifolia	„	POSER 1924
Strobilanthes Dyerianus	Schweiz	OSTERWALDER 1902
Zinnia elegans	New-Jersey (U. S. A.)	HALSTED 1890

[1] Soweit dieser festgestellt werden konnte.

Bekämpfung.　Die vielfach in gärtnerischen Zeitschriften genannten chemischen Bekämpfungsmittel führen keineswegs zu einer Abtötung des Parasiten, wie mancherorts noch angenommen wird. Soweit solche empfohlen werden, können sie im Höchstfalle als Vorbeugungsmittel gegen einen Befall dienen. Manche von ihnen, wie z. B. das häufig empfohlene Uspulun, töten den Nematoden erst nach einigen Stunden ab, wenn die Tiere in eine 1% ige Lösung des Mittels gebracht werden. HEBEN-STREIT will allerdings mit Pikrinsäure (1:1000) bei Lorraine-Begonien auf dem Wege einer inneren Therapie (vgl. S. 23) einen Erfolg zu verzeichnen gehabt haben. Eine direkte Behandlung ist nur bei lagernden Immortellen möglich, die nach STEWART in einem mit Schwefelkohlenstoff gesättigten Raum für 24—48 Stunden durchzuführen wäre. Zur Vermeidung von Schädigungen bei allen anderen Pflanzen wird man sich aber zunächst noch auf vorbeugende Maßnahmen beschränken müssen, die möglichst sorgfältig anzustellen sind. So empfiehlt NABERHAUS bei Begonien eine wöchentliche Spritzung mit $2^1/_2\%$ iger Herbasallösung, mit Erysit oder Kanolzin in 40facher Verdünnung; ferner zur Desinfektion von Topfmaterial, Kästen, Tischen und Geräten Uspulun (vgl. oben), Quassiol oder Seifenwasserlösung (35 g Seife auf 1 Liter Wasser). Auch kann kochendes Wasser verwendet werden. Es ist ferner darauf zu achten, daß Gießwasser und Kannen frei von jeglichen Erdbestandteilen sind. Die Pflanzen selbst sind nur am Grunde zu begießen, und es darf besonders bei Lorraine-Begonien kein Kondenswasser auf die Blätter tropfen. Auch vermeide man jegliche Berührung verdächtiger Pflanzen mit anderen Wirtspflanzen, zu denen, wie die vorstehende Zusammenstellung zeigt, eine große Reihe Zierpflanzen, insbesondere zahlreiche Farne, gehören. Neu eingetroffene Pflanzen stelle man einige Zeit getrennt von den eigenen Beständen und beobachte sie genau. Im übrigen sei auf die im allgemeinen Teil mitgeteilten Maßnahmen hingewiesen.

In der vorstehenden Zusammenstellung sind die Wirtspflanzen aufgeführt, an denen *A. olesistus* bisher beobachtet sein soll. Ob bei allen genannten Wirtspflanzen *A. olesistus* oder etwa ein anderer *Aphelenchus* in Betracht kommt, läßt sich nicht mehr mit Sicherheit feststellen (s. auch S. 55). Die Zusammenstellung gibt gleichzeitig einen Überblick über die Verbreitung des Parasiten.

f) *Aphelenchus olesistus* var. *longicollis* Schwartz 1911.

Historisches. SCHWARTZ erhielt 1909 aus Greiz und Kreuznach Veilchenpflanzen, die an ihren unteren Stengelteilen eigentümliche Gallbildungen zeigten. Diese Gallen enthielten zahlreiche Nematoden, die als *A. olesistus* sehr nahestehend erkannt wurden. Die Krankheit hat sich vom Orte ihrer Entdeckung in Greiz sehr schnell ausgebreitet und wurde auch in den folgenden Jahren (1910—1912 und 1915—1917) immer wieder beobachtet (LUDWIG). Seit dieser Zeit liegen aber Mitteilungen über ihr Auftreten nicht mehr vor. Erst kurz vor Abschluß des Manuskriptes berichtet SCHUURMANS-STEKHOVEN jr. über ein Vorkommen des Nematoden auch in Blättern anderer Pflanzen.

Morphologie. Der Hauptunterschied gegenüber *A. olesistus* besteht in der größeren Länge des vorderen Ösophagusabschnittes; ferner weist der Excretionsporus beim Veilchennematoden einen größeren Abstand vom Kopfende auf. Demgemäß weichen auch die relativen Werte für β und ε von den Verhältniszahlen des *A. olesistus* ab. Ein etwas kräftiger erscheinender und deutlicher geknöpfter Mundstachel, dessen Abweichung aber selbst von SCHWARTZ zahlenmäßig nicht festgelegt werden konnte, wird als Unterscheidungsmerkmal kaum herangezogen werden können; doch genügen die an zahlreichen Objekten durchgeführten Messungen, die die abweichenden Werte für β und ε bestätigten, den Veilchennematoden als eine Varietät von *A. olesistus* zu bezeichnen.

Das Kopfende kann nach den Angaben der Autoren teils zylindrisch (SCHWARTZ), teils mehr wulstig (SCHUURMANS-STEKHOVEN) ausgebildet sein. Die übrigen Organe weichen formal von denen des Farn- und Begonienälchens nicht ab. Auch das hintere Körperende ist in beiden Geschlechtern wie bei *A. olesistus* gebaut; insbesondere entspricht auch die Krümmung des männlichen Schwanzendes (Abb. 26 b) einem Kreissegment von 60°.

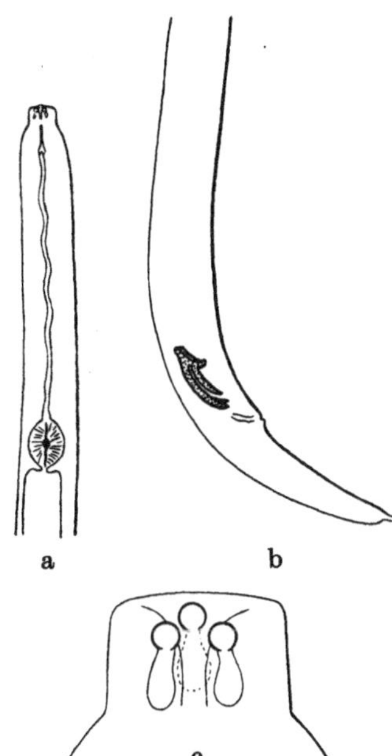

Abb. 26. *A. olesistus* var. *longicollis.*
a Vorderende des Weibchens (Vergr. 500), b Schwanzende des Männchens (Vergr. 500), c Kopfende (stark vergrößert und schematisiert). (Nach SCHWARTZ 2.)

Biologie. Der als Endoparasit lebende Nematode findet sich einmal in Gallen, die sich infolge seiner Schädigungen am unteren Teil von Veilchenstengeln bilden, zum anderen tritt er, wie SCHUURMANS-STEKHOVEN beobachtet haben will, in den Blättern von *Scilla campanulata* und *Colchicum* auf. Über die sonstige Lebensweise des Nematoden ist nichts bekannt.

Krankheitssymptome. Die Krankheitssymptome an den Veilchen sind der von RITZEMA-BOS beschriebenen „Blumenkohlkrankheit" der Erdbeere sehr ähnlich. Auch hier verbildet sich der Stengel mitunter nicht dicht an seinem basalen Ende, sondern erst ein wenig weiter oben

(Abb. 27). Die Blätter bleiben im Längenwachstum zurück oder be-
kommen kurze verdickte Stiele, die sich am unteren Ende oft zwiebel-
blattähnlich verbreitern. In diesen Fällen kommt die Blattspreite nur
unvollkommen zur Entwicklung und nimmt im Verein mit dem ver-
kürzten und verbreiterten Stengel eine tütenähnliche Form an. Immer
mehr bilden sich derartig verkümmerte Blätter. Schließlich werden auch

Abb. 27. Veilchengalle im frühen Stadium. (Nach SCHWARTZ 2.)

diese nicht mehr ausgebildet, so daß zuletzt nur noch bereits im ersten
Wachstum zurückgebliebene, außerordentlich stark verdickte Knospen
auftreten, die dicht zusammengedrängt die ganze Oberfläche der Galle
bedecken und dieser ein blumenkohlähnliches Aussehen verleihen können
(Abb. 28). In diesen Gallen fanden sich die Nematoden stets zahlreich
vor. Versuche von SCHWARTZ, die Krankheit auch künstlich zu erzeugen,
hatten keinen Erfolg.

Die an *Scilla campanulata* und *Colchicum* hervorgerufenen Krankheitserscheinungen sind nach SCHUURMANS-STEKHOVEN den durch *A. ole-sistus* an Begonien oder Farnen erzeugten Blattverfärbungen völlig gleich. Wenn diese Beobachtungen ihre Richtigkeit haben (SCHUURMANS-STEKHOVEN konnte einen Vergleich mit *A. olesistus* nicht anstellen), würden auch hier neben Gewebshypertrophien bei Veilchen typische Blattverfärbungen an anderen Pflanzen auftreten können, vielleicht ein Zeichen dafür, daß jede Pflanze ihr spezifisches Krankheitsbild hat.

Abb. 28. Veilchengalle im letzten Stadium (vergrößert, schräg von oben). (Nach SCHWARTZ 2.)

Bekämpfung. Die Bekämpfung des Nematoden wird nach den für das Freiland in Betracht kommenden Verfahren durchzuführen sein. Die beste Maßnahme ist auch hier Ausgraben und Verbrennen der erkrankten Pflanzen.

Verbreitung. Bisher nur in Deutschland (Greiz in den Jahren 1910, 1911, 1912 und 1915—1917 und Kreuznach) und Holland festgestellt.

g) *Aphelenchus cocophilus* Cobb 1919.

Historisches. Im Jahre 1905 machte J. H. HART erstmalig auf eine Krankheit der Kokospalme (*Cocos nucifera* L.) aufmerksam, die in dem Bezirk Cedros an der Westküste der Insel Trinidad auftrat. Er berichtete über eine vom Grund des Stammes aus nach oben fortschreitende Infektion, die sich durch einen rötlichen Ring innerhalb des Holzmantels kenntlich macht. Im folgenden Jahre untersuchte der Mykologe F. A. STOCKDALE (1) die Krankheit auf Trinidad und beschrieb ausführlich ihre Symptome. Nach seiner Ansicht stellen an der Wurzel und an erkrankten Blättern vorgefundene Pilzhyphen die unmittelbare Ursache der Erkrankung dar. Diese beginne mit einer Infektion der Wurzel. Später solle sich infolge Aufhörens der Wasserzufuhr eine Ringzone im Stamm ausbilden, der sekundär eine Infektion der Blätter folge. STOCK-DALE nannte die Krankheit „root disease" und unterschied sie von einer ähnlichen als „bud rot" (Herzfäule) bekannten Erscheinung, die von einem Pilz, *Phytophthora palmivora* BUTLER, hervorgerufen wird oder auch bakterieller Natur sein kann.

J. R. JOHNSTON, der die Erkrankung der Knospen näher untersuchte, stimmt STOCKDALES Ansicht über die Verschiedenheit der Wurzel- und Knospenkrankheit nicht bei, sondern hält beide für Symptome der gleichen Krankheit. Dagegen ist J. B. RORER wiederum der Ansicht, daß es sich um zwei verschiedene Krankheiten handelt. Durch experimentelle Untersuchungen konnte er nachweisen, daß weder *Botryodiplodia* noch irgendein anderer Pilz als Krankheitserreger in Frage kommt. Die Erkrankung wird daher auf physiologische Störungen zurückgeführt, die in ungünstigen Bodenverhältnissen zu suchen seien. Erst W. NOWELL gelang es, die richtige Ursache der Erkrankung und ihren Verlauf zu erkennen. Er beobachtete die Krankheit zuerst auf Grenada, später auch auf Trinidad und Tobago und stellte fest, daß in erkranktem Gewebe stets Nematoden vorhanden waren. An Hand von zahlreichen Infektionsversuchen wies er nach, daß die Krankheit durch diesen Nematoden hervorgerufen wird. Er konnte ferner die von seinen Vorgängern, STOCK-DALE und RORER, schon beschriebenen Krankheitssymptome bestätigen und zeigte auch die für eine Bekämpfung des Nematoden in Betracht kommenden Wege an. COBB (7) hat den Nematoden als eine neue Art unter dem Namen *Aphelenchus cocophilus* beschrieben.

Morphologie.

$$\text{♀ (nach COBB)} \quad \frac{1,6 \quad 8,6 \underline{\quad} 13 \overset{28-\ \ -13}{68 \quad 92}}{0,9 \quad 1,1_{/} \overline{\quad} 1,1 \quad 1,4 \quad 0,9} \ 1\,\text{mm}$$

$$\text{♂ (nach COBB)} \quad \frac{1,6 \quad 9 \underline{\quad} 13 \overset{45}{\text{M}} \quad 95}{0,8 \quad 1_{/} \overline{\quad} 1 \quad 1 \quad 0,1} \ 1\,\text{mm}$$

Bei den 1 mm langen, sehr schmalen Nematoden ist das Mundende vom übrigen Körper kaum abgesetzt (Abb. 29). Die Lippen sind völlig miteinander verschmolzen; Lippenpapillen sind nicht zu erkennen. Der Mundstachel hat eine Länge von 16 μ, ist aber gewöhnlich nur in der Lippengegend an seiner lichtbrechenden Eigenschaft zu erkennen. Der Ösophagus ist typisch aphelenchusartig mit einem in der Mitte liegenden wohlentwickelten ovalen Ösophagusbulbus. Zwischen diesem und den allerdings schwach angedeuteten wahrscheinlich in der Dreizahl vorhandenen Speicheldrüsen liegt der Nervenring, in dessen Höhe auch der Excretionsporus ausmündet. Der Schwanz des Weibchens läuft vom After aus allmählich spitz zu und trägt keinen Fortsatz. Die weiblichen

Geschlechtsorgane weisen in ihrem Bau keine Abweichung auf. In dem hinteren als Receptaculum seminis fungierenden Abschnitt fand COBB bei reifen Individuen bis zu 16 Spermazellen. Diese haben fein granulierte runde Kerne und können leicht für Eier gehalten werden. Ovarium und Uterus sind durch einen deutlichen Einschnitt voneinander getrennt; das erstere, das eng und spitz zulaufend ist, nimmt an seinem blinden Ende etwa ein Drittel des Körperdurchmessers ein und enthält zahlreiche Eier; im letzteren finden sich gleichzeitig ein oder zwei Eier, die dünn beschalt sind und noch vor der Teilung abgelegt werden. Ihr Längenbreitenverhältnis ist 6:1; sie sind zylindrisch gebaut und ein wenig gekrümmt. Beim Männchen verjüngt sich der Schwanz (Abb. 30) bis zur Mitte nur wenig, wird dann aber um fast 50% des Durchmessers schmäler und endigt halbspitz in eine spiralförmige Krümmung. Ein terminaler Schwanzfortsatz fehlt. Kurz vor der plötzlichen Verjüngung des Schwanzes (also postanal) liegen subventral zwei Paar Schwanzdrüsen. Ein drittes präanales Paar findet sich ebenfalls subventral

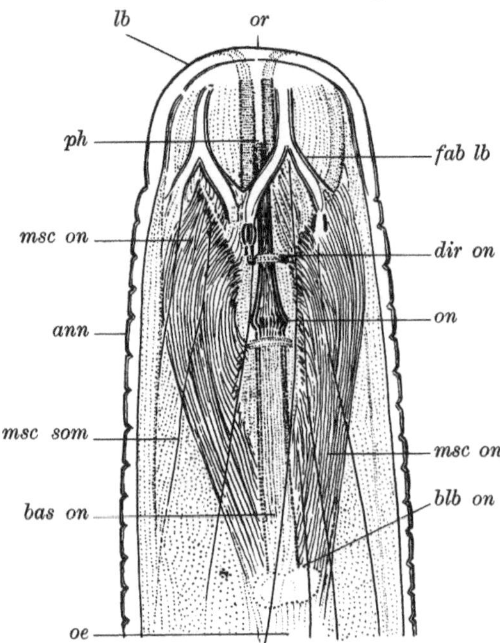

Abb. 29. *A. cocophilus* Vorderende. (Vergr. 4800). Erklärung: *ann* Körperringelung, *bas on* Stachelbasis, *blb on* Stachelanschwellung, *dir on* Führungsring des Stachels, *fab lb* Rahmenwerk der Lippe, *lb* Lippe, *msc on* Muskeln des Stachels, *msc som* Muskeln der Körperwand, *oe* Ösophagus, *on* Stachel, *or* Mund, *ph* Pharynx. (Nach COBB 7.)

in der Mitte der Spicula. Diese sind bogenförmig, liegen eng aneinander und sind (nach GOODEY 1) dorsal 12 μ, ventral 8 μ lang. Distal von beiden Spicula liegt ein bogenförmiges einfaches akzessorisches Stück (Gubernaculum).

Biologie. *A. cocophilus* lebt als Endoparasit vor allem im Stamm und in den Wurzeln der Kokospalme, findet sich aber auch in den Blattstengeln und Blättern. Er wandert wahrscheinlich an der Außenseite des Stammes nach oben und dringt an der Außenseite der Blattbasis nahe dem Stammansatz in diese ein. Von hier aus nimmt die Ausbreitung des Parasiten vermutlich ihren Ausgang, der sich zwischen den Pflanzenzellen hin-

durchwindet (Abb. 31) und seine Eier im lebenden Gewebe ablegt. In
den abgestorbenen Blättern und Gewebeteilen von Stamm und Wurzel
leben die Parasiten noch lange fort. So berichtet Nowell (5, S. 199) über
einen Fall, wo zwei Stämme 4—5 Monate nach dem Absterben große
Mengen von zum Teil im Starrezustand befindlichen Nematoden enthielten. Diese bilden natürlich eine große Gefahr für die noch gesunden
Palmen. Da die Aphelenchen Seewasser sehr gut ertragen (Ashby 1),
darf mit Sicherheit angenommen
werden, daß sie durch kranke
Pflanzenteile oder durch Nüsse
von einer Insel zur anderen
verschleppt werden können.

Mehrfache Beobachtungen
lassen erkennen, daß der Nematode auch durch Insekten verschleppt wird. Nach Snyder,
Thomas und Zetek kommen
hierfür *Coptotermes niger* Snyder und *Nasutitermes ephratae*
Holmgr., nach Cobb (9) vermutlich auch der Palmkäfer,
Rhynchophorus palmarum L., als
Überträger der Nematoden in
Betracht. Etwa 50% der Käfer
waren mit diesem Nematoden
behaftet, der an den Haaren
der Mundteile und Beine, aber
auch im Darm der Käfer festgestellt wurde.

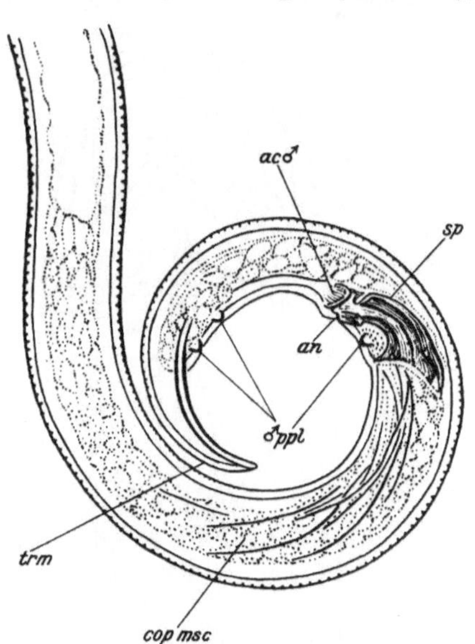

Abb. 30. *A. cocophilus*. Schwanzende des Männchens
(Vergr. 1200). Erklärung: *ac* akzessorisches Stück,
an After, *cop msc* Kopulationsmuskel, *ppl* Papillen,
sp ein Spiculum, *trm* Schwanzspitze.
(Nach Cobb 7.)

Über die Lebensweise des
Parasiten außerhalb der Wirtspflanze liegen Beobachtungen nicht vor.

Krankheitserscheinungen. Die ersten pathologischen Veränderungen beginnen mit dem Fruchten der Palmen. Die äußeren Krankheitssymptome machen sich dann zunächst in einer Vergilbung und Bräunung
der Blätter geltend, die meist an der Blattspitze der älteren Blätter beginnt, sich aber von normalen Vergilbungserscheinungen infolge Trockenheit oder ungünstiger Wachstumsbedingungen nicht unterscheidet. Der
Verdacht der Krankheit tritt erst auf, wenn auch die jungen vollkräftigen
Blätter vergilben, was etwa 3—4 Wochen nach dem Auftreten der ersten
Vergilbungserscheinungen einsetzt.

Gleichzeitig, zuweilen auch schon vor der Verfärbung der Blätter, werden noch grüne Nüsse abgeworfen. Weiterhin erfolgt ein Abwerfen der Blüte,
auch der noch geschlossenen; schließlich stirbt der ganze Blütenstand ab.

Die inneren Symptome äußern sich einmal in der Ausbildung einer rotgefärbten Zone, die nicht selten bis zur halben Höhe der Palme reicht (Abb. 32), sich dann in einzelne Längsstreifen aufteilt und in einzelnen Flecken von etwa 1 mm Durchmesser in dem weichen Meristem unterhalb des Blütenstandes verliert. Im Querschnitt (Abb. 33 u. 34) ist die auf die äußere Faserschicht folgende Zellage meist fleckig; die darauffolgende innere bis zur Hälfte verfärbt, während der Kern gesund ist. Zuweilen können allerdings, wie STOCKDALE und RORER erwähnen, die mehr zentral gelegenen Zellen verfärbt sein. Diese Ringzone enthält zahlreiche Nematoden in allen Entwicklungsstadien, die zumeist zwischen den Zellen sich hindurchschlängeln oder gekrümmt in den Interzellularen liegen. Nach ihr führt die Krankheit den Namen ,,red ring". Wie die Bildung dieser Zone, die auch bei künstlicher Infektion der Blätter auftritt, zustande kommt, ist noch ungeklärt. Anatomische und wahrscheinlich auch physiologische durch die Struktur des Stammes

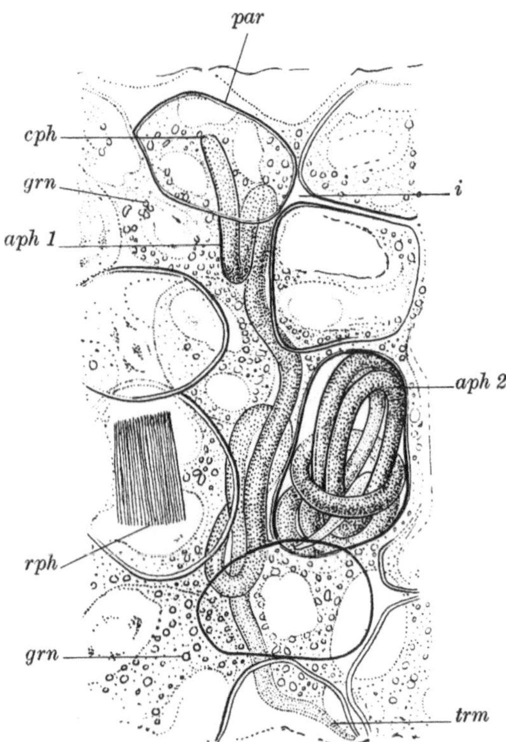

Abb. 31. *A. cocophilus* im Parenchymgewebe der Kokospalme (Verg. 300). *aph 1* und *2* Aphelenchen, *cph* Kopfende eines Nematoden, *i* Interzellularraum, *trm* Schwanzende, *par* Parenchymzelle, *rph* Raphiden einer Zelle, *grn* Körner des z. T. aufgelösten Zellinhalts. (Nach COBB 7.)

bedingte Verhältnisse können nach Ansicht NOWELLS (4) hierfür nicht verantwortlich gemacht werden.

Die Verfärbung macht sich auch in den Blattstengeln und Blättern geltend. Bei voll ausgebildeten Blättern zeigt der Stengel rote und gelbe Streifen und Flecken, die oft eine Länge bis zu 75 cm erreichen können. Bei älteren Blättern kann diese Verfärbung, die auch auf die Basis des Blattes übergeht, durch eine Bräunung des Gewebes verdeckt werden. Nie aber konnte NOWELL (6) selbst bei den ältesten Blättern eine Verbindung dieser Streifen mit der roten Ringzone des Stammes feststellen.

Bei jungen Blättern ist der Blattstiel an seiner Basis ganz gesund und enthält erst innerhalb der Rhachis eine gelbe bis rote Färbung.

Bei Nüssen kann die Rotfärbung des Gewebes auch experimentell hervorgerufen werden. ASHBY (1, S. 350) konnte durch Infektion noch wässeriger und schon fleischiger Nüsse bereits nach 26 Tagen eine solche beobachten, die sich zwischen Schalenrinde und Nußschale ausdehnt.

Abb. 32. Längsschnitt durch eine Kokospalme. Bis zu 1,80 m ist der rötliche Ring deutlich erkennbar. Darüber hinaus ist er noch 60 cm höher durch Tüpfel angedeutet. (Nach NOWELL 7.)

Bei der Wurzel, die im allgemeinen erst dann die ersten Krankheitserscheinungen zeigt, wenn bereits Stamm und Blätter erheblich erkrankt sind, beschränkt sich das Krankheitsbild auf die Korkrinde (Abb. 35). Diese besteht aus radialen Lamellen, die zwischen der rissigen Hypodermis und dem gesunden Zentralzylinder locker liegen. Das Gewebe ist rein weiß und in gesundem Zustande weich, wird aber durch die In-

fektion trocken und flockig und nimmt alle Stadien der Verfärbung an:
von rein weiß über gelb und rosa zu dunkelgelb oder rotbraun. COBB (7)
schätzt die Zahl der Nematoden, die sich in einem solchen Wurzelstück
von 30 cm Länge und 0,6 cm Breite aufhält, auf Grund seiner Beobach-

Abb. 33. Querschnitt durch einen erkrankten Kokospalmenstamm, links in einer Höhe von 53 cm,
rechts in 107 cm Höhe vom Erdboden. (Nach NOWELL 4.)

tungen auf wenigstens 20000. Nach den Wurzelausläufern nimmt die
Intensität der Färbung ab.

Sekundär treten an den Blättern und den Blattstengeln noch braune
oder schwarze Fäulniserscheinungen auf, die zum Abbrechen der kranken
Blätter etwa 60 cm von ihrer Insertion aus führen. Dieser Fäulnis-

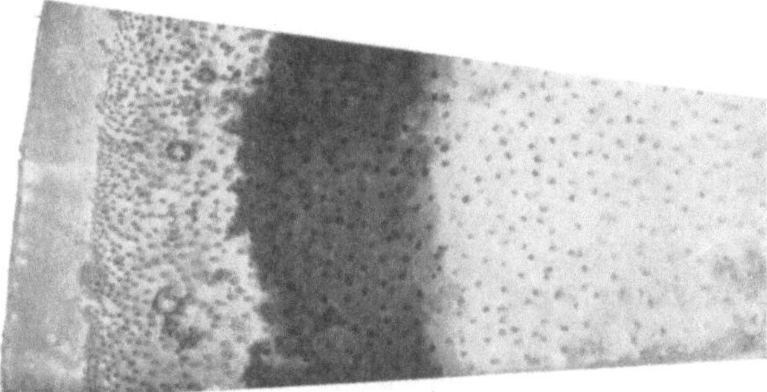

Abb. 34. Ein Stück des in Abb. 33 dargestellten Stammquerschnitts. (Nach NOWELL 4.)

prozeß wird durch einen Pilz der Gattung *Diplodia* hervorgerufen, der
wahrscheinlich mit dem von STOCKDALE gefundenen *Botryodiplodia*
identisch ist. Er findet sich übrigens fast immer auch auf alten Blättern
gesunder Palmen, fehlt aber an den Wurzeln. Zuletzt gehen auch die

noch jugendlichen Gewebeteile an der Spitze des Stammes und an den Infloreszenzen in Fäulnis über, so daß die Kokospalme abstirbt.

Nach Beobachtungen von NOWELL (6), JACKSON und COBB (10) sind 4—7 Jahre alte Bäume an anfälligsten; 10—12jährige Palmen zeigten die rote Zone am deutlichsten. In einzelnen Fällen sollen nach NOWELL(6) auch Palmen von 20 Jahren noch befallen werden.

Für das Auftreten der Krankheit spielt nach NOWELL (6) der Boden keine Rolle. Es erkrankten Palmen auf leichtem Seesand, wie auf gutem nährstoffreichem Boden und auf zähem Lehmboden. Vielfach machten sich die Nematoden besonders auf jungfräulichem Boden mit früherem Waldbestand oder auf solchen Feldern bemerkbar, die aus früherer Zeit her mit Zuckerrohr bestellt waren. Nach COBB (10) scheint aber die Krankheit bei den von der Küste etwas entfernt stehenden Palmen stärker in Erscheinung zu treten, soweit hier noch die für die Entwicklung der Aphelenchen notwendige Feuchtigkeit vorhanden ist.

Bekämpfung. Wegen der verborgenen Lebensweise der Nematoden stellt sich ihre Bekämpfung auch hier sehr schwierig. Von NOWELL (4) und COBB (7) werden verschiedene Vorschläge zur Bekämpfung des Parasiten gemacht, die einmal die direkte Bekämp-

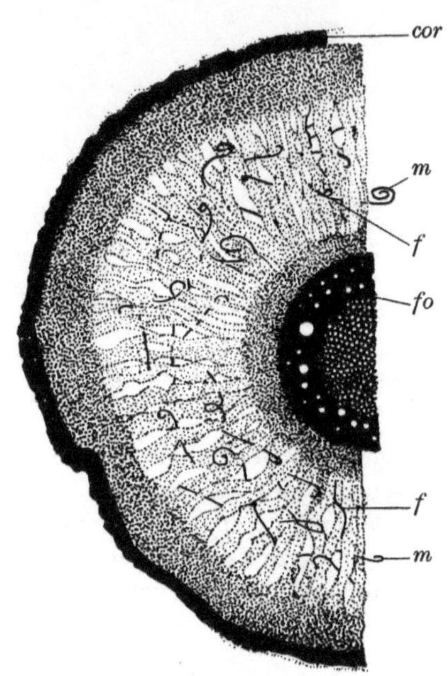

Abb. 35. Stück eines Querschnitts durch die Wurzel einer Kokospalme. (Vergr. 8½.) Erklärung: *cor* Korkschicht, *m, f* männliche, weibliche Nematoden, *fo* Zentralzylinder der Wurzel. (Nach COBB 7.)

fung an den erkrankten Bäumen betreffen, zum anderen prophylaktischen Wert haben sollen. Um die letzteren vorwegzunehmen, empfiehlt NOWELL Stäuben oder Spritzen der jungen Bäume mit einem Gemisch von Schwefel und 2%igem Bleiarsenat mit Schwefelkalkbrühe, Öl-Seifenemulsion oder ähnlichen Mitteln. Ob diese Mittel jedoch wirksam waren, ist mir nicht bekannt. Andere vorbeugende Maßnahmen, die von ASHBY (1) und anderen (o. Verf. 5) vorgeschlagen wurden, wie Aufstreuen von Kalk und Kochsalz auf die Blätter oder Bodendesinfektion mit Kochsalz, haben ebensowenig gewirkt wie das Umlegen eines Ringes aus einem Gemisch von Teer und Talg um den Stamm. Nach NOWELL (6) dürfte aber das Umgeben des Stammes mit einer Schicht von Rohöl das Aufsteigen der Nematoden verhindern. Cobb und Ashby (1) empfehlen ferner eine gute Drainage des Bodens; Ashby (1) hält auch eine Entfernung des Unterwuchses und einen entsprechend weiten Zwischenraum bei den einzelnen Bäumen für zweckmäßig.

Bei bereits erkrankten Bäumen ist eine Behandlung meist nicht mehr möglich. Ob ein Ausschneiden der erkrankten Stellen, wie es Zetek fordert, zum Erfolge führt, halte ich für sehr zweifelhaft, da die Kokospalme beim Sichtbarwerden der Krankheit meist schon derart von Nematoden durchsetzt ist, daß das Absterben durch einen solchen Eingriff nicht mehr aufgehalten werden kann. Am besten werden die erkrankten Bäume verbrannt, wobei darauf zu achten ist, daß alle Teile des Baumes, auch Wurzeln und Nüsse, entfernt und vernichtet werden. Diese Art der Bekämpfung ist augenblicklich das einzige Mittel, um eine weitere Ausbreitung der Krankheit zu verhindern. Ein Versengen des Stammes durch schwelendes Feuer, das als Bekämpfungsmaßnahme vorgeschlagen wurde (o. Verf. 6), ist unzureichend, da nach Nowell (6) in solchen Stämmen noch nach mehreren Monaten zahlreiche Nematoden lebend angetroffen wurden. Die Entscheidung über die Vernichtung kranker Palmen will Cobb (7) Sachverständigen übertragen wissen, die jeden Fall genau prüfen und unnötige Zerstörungen in den Plantagen verhindern sollen. Auch hält er die Durchführung gewisser Quarantänemaßnahmen für zweckmäßig, um ein Weiterverschleppen der Krankheit möglichst zu unterbinden. Keinesfalls dürfen abgestorbene Palmen liegenbleiben, denn sie bilden als Infektionsherd eine dauernde Gefahr für die noch gesunden Palmen. Es wird schließlich noch empfohlen, die verseuchte Bodenfläche von der gesunden durch Ziehen von Gräben abzutrennen. Zum Pflanzen dürfen keine abgefallenen Nüsse verwendet werden, sondern stets nur abgepflückte.

Verbreitung. Die Krankheit, die zuerst auf Trinidad an Kokospalmen beobachtet worden ist, kommt dort auch an Ölpalmen (*Elaeis guineensis*) und Dattelpalmen vor (Freeman). Auf sämtlichen übrigen zu den kleinen Antillen gehörenden Inseln tritt die Krankheit in mehr oder minder starkem Maße auf, insbesondere auf den Inseln Barbados, St. Vincent und Grenada. Durch Kokosnüsse ist sie dann wahrscheinlich nach Panama verschleppt worden, wo sie unter dem Namen „Circulo rojo" (Zetek) bekannt und allgemein verbreitet ist. Derselbe Nematode wird auch als der Erreger einer Herzfäule („bud rot") der Kokosnuß auf den Fidschi-Inseln angesehen (Simmonds). W. R. Dunlop (zitiert nach Nowell 6) fand den Nematoden auf Kokosplantagen in Britisch Honduras, F. Stell (zitiert nach Nowell 6) in Britisch Guyana, Nowell (6) selbst in Venezuela. Es besteht damit wohl kein Zweifel, daß sich der Nematode noch an zahlreichen anderen Stellen des tropischen Amerika vorfinden wird.

II. Halbparasiten.

Während im vorigen Abschnitt die „echten" Parasiten besprochen worden sind, wenden wir uns nun einer Gruppe zu, die als „Halb-" oder „Semiparasiten" bezeichnet werden. Diese treten ebenfalls sehr oft an Pflanzen auf, bei denen sie aber anscheinend keine Krankheitserscheinungen hervorrufen. Nur in einigen wenigen Fällen glaubte man solche feststellen zu können. Wenn somit zwischen den echten Parasiten und den Halbparasiten kein scharfer Unterschied besteht, so verwischen sich die Grenzen zwischen den letzteren und den obligaten Fäulnisnematoden sowohl wie den streng freilebenden Land- und Süßwasseraphelenchen ganz. Um dennoch eine Grenze zu ziehen, sind die Halbparasiten nur besprochen worden, soweit sie an Pflanzen bisher vorgekommen sind. Das auf S. 94 u. 95 aufgestellte Verzeichnis der Aphelenchen enthält dagegen sämtliche bisher in der Literatur beschriebene Aphelenchen mit ihren Synonymen, gegebenenfalls unter kurzer Zitierung der einschlägigen Literatur.

a) *Aphelenchus parietinus* Bastian 1865.

Synonyma[1]: *A. pyri* BASTIAN 1865, S. 123—124.
          A. rivalis BÜTSCHLI 1873, S. 48.
          A. erraticus v. LINSTOW 1876, S. 10—11.
          A. modestus DE MAN 1876, S. 59.
          A. microlaimus COBB 1893, S. 53—54.
          A. minor (?) COBB 1893, S. 54.
          A. coffeae ZIMMERMANN 1898, S. 44—45.
          A. aderholdi SCHWARTZ 1912, S. 5.
          A. mycogenes SCHWARTZ 1912, S. 5—6.
          A. striatus STEINER 1914, S. 430—431.
          Tylenchus spec. bzw. *bulbosus* MICOLETZKI 1914, S. 529.
          Cephalobus alpinus MICOLETZKI 1914, S. 447—449.
          A. littoralis HOFMÄNNER-MENZEL 1915, S. 182.
          A. striatus var. *aquaticus* MICOLETZKI 1917, S. 574—576.

Unter dem Namen *A. parietinus* sind 14 Nematodenarten zusammenzufassen, die von BASTIAN, BÜTSCHLI, DE MAN, COBB, STEINER und anderen als besondere Arten beschrieben worden sind. Die als freie Erdbewohner, als Saprophyten, Tier- und Pflanzenparasiten lebenden Formen sind trotz ihrer großen Variabilität nach den Untersuchungen MICOLETZKIS (4), dem ein großes Vergleichsmaterial zur Verfügung stand, und anderen Forschern sämtlich mit *A. parietinus* BASTIAN identisch. Um den oft beträchtlichen Abweichungen aber gerecht zu werden, teilt MICOLETZKI den ganzen Formenkreis in Varietäten, Formen und Unterformen

---

[1] Eine Synonymie von *A. goeldii* STEINER 1914 mit *A. parietinus* BASTIAN, die MICOLETZKI (4) annimmt, halte ich mit GOODEY (3) nicht für unbedingt erwiesen.

ein und unterscheidet je nach der Ausbildung des Schwanzendes und der terminalen Spitze (Drüsenröhrchen) eine *varietas microtubifer* und *tubifer*, nach der Körpergröße eine *forma magnus* (♀ größer als 0,7 mm, ♂ größer als 0,6 mm) und *parvus*, ferner nach dem Grade der Körperschlankheit eine *subforma gracilis* und *informis* (α beim ♀ bis 34, beim ♂ bis 39).

Neben diesen formalen Unterschieden sind auch die Lebensbedingungen des Nematoden sehr weit gesteckt. Er wurde beobachtet in Flechten (BASTIAN), Moosen (BÜTSCHLI, STEINER 1), an und in Pflanzenwurzeln (BÜTSCHLI, COBB 2, ZIMMERMANN, STEINER, DE MAN), in faulenden Birnen (BASTIAN), in Kartoffeln (MICOLETZKI 4) und Zwiebelknollen (COBB 14, GOODEY 3), sogar im Darm von Schnecken (COBB) und *Lacerta vivipara* (v. LINSTOW), ferner freilebend in Wiesengelände (DE MAN und COBB), Sanddünen (DE MAN), im Süßwasser (BÜTSCHLI, DE MAN, HOFMÄNNER und MICOLETZKI) und in den auf Lufttemperatur abgekühlten abfließenden Wassern der warmen Quellen des Yellowstone-Parks in den Vereinigten Staaten von Nordamerika (HOEPPLI).

Wir werden im folgenden nur die Fälle besprechen, in denen der Nematode als Pflanzenparasit aufgetreten ist. Über sein Vorkommen an anderen Stellen soll nur soviel berichtet werden, als zum Verständnis notwendig ist. Für Einzelheiten sei auf die Ausführungen MICOLETZKIS(4) und die dort zitierte Literatur verwiesen.

ZIMMERMANN (1, S. 44/45) fand auf Java an absterbenden Kaffeewurzeln einen als *A. coffeae* bezeichneten Nematoden. Die Weibchen dieser Art — Männchen hat er nicht beobachtet — hatten eine Länge von 0,35—0,47 mm und eine mittlere Breite von 0,017 mm. Eine Ringelung der Cuticula war nicht mit Sicherheit zu erkennen. Die gut entwickelten Seitenmembranen nehmen ein Fünftel des Körperdurchmessers ein. Der Mundstachel ist 0,01 mm lang, sehr fein und am Hinterende schwach geknöpft. Dicht hinter dem fast kugeligen Bulbus mündet der Excretionsporus nach außen. Die Vulva liegt als breiter chitinisierter Querspalt kurz vor Beginn des letzten Körperviertels. Der Schwanz hat eine Länge von 0,025 mm und endet in eine feine Spitze. Papillen wurden am Schwanzende nicht beobachtet.

Die Form hat, wie ZIMMERMANN selbst erwähnt, große Ähnlichkeit mit dem von BÜTSCHLI (S. 48) an Steinen gefundenen *A. rivalis*. Nach MICOLETZKI ist er mit diesem und mit *A. parietinus* identisch, und zwar würde er als var. *tubifer*, f. *parvus*, sf. *informis* zu bezeichnen sein. RAHM fand die gleiche Form auch an Kaffeewurzeln aus Brasilien.

Nennenswerte Schädigungen werden nach ZIMMERMANN durch den Nematoden nicht hervorgerufen. Da er fast immer in Wurzeln vorkommt, in denen sich bereits *Anguillulina coffeae* und *Anguillulina acuticaudata* angesiedelt haben, zwei als Wurzelschädlinge bekannte

Nematoden, so ist anzunehmen, daß *A. parietinus* hier wahrscheinlich nur als sekundärer Schädling auftritt.

Im Jahre 1912 fand SCHWARTZ (3) in den Wurzeln von Maiblumen einen *Aphelenchus*, den er für eine bisher noch unbekannte Art hielt und als *A. aderholdi* beschrieb. Vermutlich ist der von ADERHOLD ebenfalls in Maiblumen beobachtete *Aphelenchus* zu der gleichen Art zu stellen. Über den Nematoden macht SCHWARTZ folgende Angaben:

„Weibchen: Schwanz kegelförmig zugespitzt, ohne Papillen mit abgesetztem Drüsenröhrchen; Haut glatt; Kopf ohne Papillen; Stachel geknöpft. Körperlänge 728—1216 μ. $\alpha = 32$—58, $\beta = 11$—15, $\gamma = 13$—19, $\delta = 2,8$—3,2, $\zeta = 7$—11.

Männchen: Schwanz kegelförmig zugespitzt, mit abgesetztem Drüsenröhrchen, mit einer lateralen Papille an der Schwanzmitte, einer lateralen Papille zwischen der ersten Papille und dem Schwanzende und einer medianen Papille nahe dem Schwanzende; Haut glatt; Kopf ohne Papillen; Stachel geknöpft. Körperlänge 880 μ. $\alpha = 42$, $\beta = 13$, $\gamma = 24$, $\varepsilon = 8$, $\zeta = 8$.“

Die mir vom Autor freundlichst zur Verfügung gestellten Präparate waren bis auf zwei, die ein Weibchen und ein Männchen enthielten, geschrumpft. Auf Grund einer eingehenden Untersuchung muß ich beide Tiere ebenfalls als zu *A. parietinus* gehörig ansehen.

Das Krankheitsbild, das sich ADERHOLD und SCHWARTZ bot, war durch zahlreiche braunrötliche Stellen gekennzeichnet, die oft einige Zentimeter lang die ganze Wurzelrinde umgeben. In dem Wurzelparenchym selbst trat ein intensiv roter Farbstoff auf; doch blieb der Zentralzylinder in den meisten Fällen gesund. Sodann wurden in dem erkrankten Gewebe noch Nematoden der Gattungen *Cephalobus* und *Rhabditis*, ferner Pilze und Bakterien gefunden, die aber wahrscheinlich nur als sekundäre Schädlinge in Betracht kommen. Ob *A. parietinus* für den Erreger dieser Wurzelkrankheit anzusehen ist, halte ich jedoch nach der von mir vorgenommenen nochmaligen Untersuchung des Originalmaterials, bei der auch *Anguillulina pratensis* DE MAN festgestellt werden konnte[1], für fraglich (3).

Aphelenchus parietinus ist nach einer mir vorliegenden Aufstellung vom Bureau of Plant Industry, U. S. Dep. of Agric., Washington, auch in Holland an Blüten und Wurzeln von Maiblumen (*Convallaria*) beobachtet worden.

SCHWARTZ (3) beschrieb ferner unter dem Namen *A. mycogenes* einen auf einer Pilzkultur auftretenden *Aphelenchus*. Bei dieser kleineren und plumperen Art, „die *A. olesistus* sehr nahesteht“, von der Männchen aber nicht gefunden wurden, trägt der kegelförmig zugespitzte Schwanz des

---

[1] Diese dürfte als primärer Krankheitserreger zunächst in Betracht kommen.

Weibchens einen terminalen Fortsatz. Kopf- und Schwanzpapillen fehlen; der Stachel ist geknöpft.

Die von Schwartz angegebenen Maße sind: Körperlänge 400—683 μ. $\alpha = 22$—32, $\beta = 7$—11, $\gamma = 12$—19, $\delta = 2,9$—4,2, $\varepsilon = 6$, $\zeta = 7$—11. Auch dieser Nematode ist wahrscheinlich mit *A. parietinus* identisch.

Ein anderer von DE MAN (2, S. 139) als *A. modestus* beschriebener Nematode wurde zunächst in Holland „in der feuchten Erde ... wie auch im sandigen Dünenboden" freilebend, später aber mehrmals auch in Pflanzen angetroffen. DE MAN, der nur je ein Männchen und ein Weibchen untersuchen konnte, gibt folgende Maße an: ♂ 0,64 mm, ♀ 0,9 mm. $\alpha = 30$—35, $\beta = 8$—9, $\gamma = $ beim ♂ 16, beim ♀ 14. Das ziemlich schlanke Tier hat eine fein geringelte Cuticula. Die Seitenmembran ist sehr schmal; das Kopfende abgesetzt und ohne Lippen. Der Mundstachel ist schwach geknöpft, $1/7$—$1/6$ der Entfernung der Mundöffnung bis zum Hinterrande des Ösophagusbulbus lang. Gleich hinter dem Bulbus mündet der Excretionsporus nach außen. Die Vulva des Weibchens ist ein wenig mehr als ein Viertel der Gesamtlänge vom Schwanzende entfernt. Spicula plump, gebogen, ohne akzessorisches Stück; Schwanz kegelförmig zugespitzt mit sehr feinen Ausführungsröhrchen der Schwanzdrüse. Das Männchen trägt an und hinter dem After lateral je eine Papille, vielleicht auch eine in der Mitte des Schwanzes, ferner je eine laterale Papille am Hinterende.

DE MAN vermutete bereits eine Identität des Nematoden mit dem von BASTIAN in faulenden Birnen gefundenen *A. pyri*, die MICOLETZKI (4) auch nachweisen konnte.

STAUFFER (1) fand einen Nematoden an feucht lagernden Feldmöhren, die ein fleckiges Aussehen hatten. Der Erreger dieser Flecken war nach Ansicht des Autors *A. modestus*. Die gleiche Beobachtung konnte ich kürzlich an eingemieteten Möhren machen, die graugrüne Flecken zeigten, in denen *A. parietinus* in großer Menge gemeinsam mit *Rabditis brevispina* CLAUS angetroffen wurden. Weiterhin erwähnt VAN POETEREN das Auftreten des Nematoden an kleinen Mohrrüben („peentjes"; 3, S. 25) und an Klee (4, S. 15). Die Bestimmung der Nematoden führte DE MAN aus. Bei den aus Nordholland stammenden Mohrrüben, die am Kopf schwarz und in Fäulnis übergegangen waren, trat gleichzeitig auch eine *Fusarium*-Art auf, so daß der primäre Krankheitserreger nicht mehr sicher festzustellen war. Die Krankheit soll aber nach Angabe der Anbauer seit Jahren auftreten. An Klee kam es durch den Nematoden zu Krankheitserscheinungen, die sich wie die Stockkrankheit äußerten. Auch an Erdbeeren konnte der Nematode festgestellt werden (VAN POETEREN 1, S. 19 u. 57). Nach Ansicht DE MANS ist es sogar nicht ausgeschlossen, daß der als Erdbeernematode bekannte *A. fragariae* mit *A. modestus* identisch ist (vgl. S. 33). Des weiteren fand STEINER (8, S. 970 u. 972/73) den

Nematoden zusammen mit anderen Arten in der Wurzel einer 4 Wochen alten Maispflanze. Für das Weibchen gibt er folgende Maße an:

$$\frac{1,8 \quad 4,9 \quad 12 \quad \overset{38}{67} \quad 91,3}{1,8 \quad 2,3 \quad 2,7 \quad 2,9 \quad 1,5} \; 0,42 \text{ mm.}$$

Nach MICOLETZKI würde dieser Nematode ebenfalls als var. *tubifer*, f. *parvus*, sf. *informis* zu bezeichnen sein.

COBB (14, S. 71) nennt *A. parietinus* einen „ziemlich gemeinen Parasiten", den er in Narzissenbulben im äußersten nordwestlichen Teil der Vereinigten Staaten fand. GOODEY (3) traf ihn in Futtergras gemeinsam mit *A. helophilus*, in Kartoffel- und *Freesia*-Knollen, im Rhizom einer Minze und in Erbsenwurzeln gemeinsam mit saprophytisch lebenden Nematoden an.

Schließlich beobachtete ihn noch RAHM an Wurzeln von Bananen und Baumwollsträuchern. Im ersten Falle handelte es sich um die var. *tubifer*, f. *parvus*, sf. *informis*, im zweiten Falle lag eine var. *tubifer*, f. *magnus*, sf. *informis* vor.

MICOLETZKI (4) hat diesen so weit verbreiteten und variablen Nematoden eingehend beschrieben. Aus der Fülle der Angaben seien nur die wichtigsten herausgegriffen; im übrigen kann auf die obige Beschreibung DE MANS verwiesen werden, der in knapper Darstellung eine gute Charakterisierung des Tieres gibt: Das Vorderende (Abb. 36) ist ähnlich wie bei *A. fragariae* ausgebildet und zeigt am Seitenrand des Lippenwulstes noch Andeutungen der sechs miteinander verschmolzenen Lippen. Die Kopfkappe trägt ferner als distale Auskleidung der Mundhöhle drei komma- bis spindelförmige, der Stachelführung dienende Chitinstückchen und bei gewisser Einstellung zwei dunklere spindelförmige Gebilde. Die ganzen Verhältnisse erinnern daher sehr stark an die Ausbildung des Kopfendes bei echten parasitischen Aphelenchen. Der Mundstachel kann schwächer oder stärker geknöpft sein und in seiner relativen Länge sehr variieren. Der Excretionsporus mündet stets vor dem Nervenring am hinteren Bulbusabschnitt oder bis zu einer Bulbuslänge von diesem entfernt aus. In beiden Geschlechtern sind die Gonaden vorn zuweilen umgeschlagen; beim ♀ ist ein postvulvärer Uterusabschnitt vorhanden, dessen Länge durchschnittlich das dreifache der vulvaren Körperbreite beträgt. Beim ♂ scheint das akzessorische Stück rudimentär zu sein. Nach DE MAN fehlt es; BÜTSCHLI fand Spuren von ihm bei *A. parietinus*, deutlich konnte er es bei *A. rivalis* erkennen. Ebenso sah es STEINER (2) bei *A. modestus* und COBB (nach MICOLETZKI 4). Auch die Zahl und Lage der Schwanzpapillen, die DE MAN im allgemeinen richtig erkannte, variieren bei den einzelnen Angaben mehrfach. Nach GOODEY (3) sind drei Paar vorhanden, und zwar ein Paar adanal und zwei Paar postanal. Sehr veränderlich ist vor allem aber die Schwanzform bei den Weibchen,

die so auffällig ist, daß man geneigt wäre, eine Anzahl verschiedener
Arten anzunehmen, wenn nicht MICOLETZKI (4) durch Zwischenformen
ihre Zugehörigkeit zu einer Art hätte nachweisen können. Fast immer ist
der Schwanz stumpf abgerundet und trägt ein abgesetztes, mehr oder
weniger großes Endspitzchen; selten trägt er eine gleichmäßig zulaufende

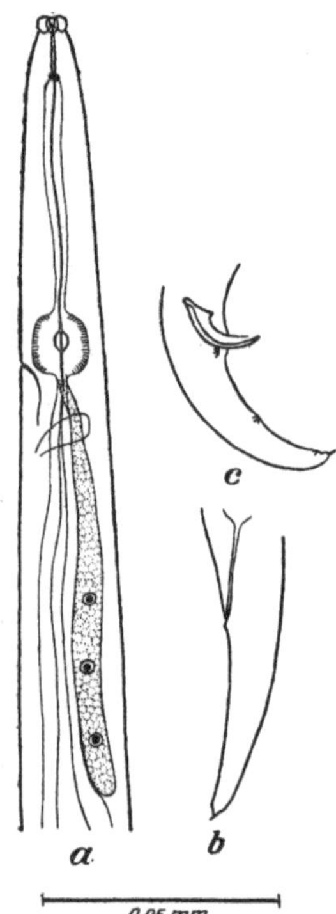

Abb. 36. *A. parietinus. a* Vorderende, *b* Schwanzende des Weibchens, *c* Schwanzende des Männchens. (Nach GOODEY 3.)

Endspitze, so daß bei einer gleichzeitig vorhandenen schlankeren Körperform eine Ähnlichkeit mit *A. helophilus* nicht zu leugnen
ist. Durch die oben schon mitgeteilte Unter-
teilung in Varietäten, Formen und Unterformen hat nun MICOLETZKI einen Überblick über diese formenreiche Art geschaffen.
Bei dieser rechnen die Pflanzenschmarotzer
sämtlich zur var. *tubifer*, vielfach auch zur
f. *parvus*, sf. *informis*. Nur RAHM erwähnte
einen Fall, wo var. *microtubifer*, f. *magnus*,
sf. *informis* auch an Bataten in Brasilien
auftrat.

A. parietinus stellt, wie aus den Ausführungen ersichtlich ist, ein Bindeglied
zwischen den „echten“ und „Halb“-Parasiten
dar. Wenn er auch durchweg ein harmloser
Parasit ist, so scheint er doch unter gewissen
Verhältnissen auch zu einem Schädling, freilich von bis jetzt noch untergeordneter Bedeutung, werden zu können.

Verbreitung. Der als Kosmopolit anzu-
sprechende Nematode ist beobachtet worden[1]
in Deutschland (BÜTSCHLI, COBB, DE MAN,
SCHWARTZ, GOFFART), Holland (DE MAN
und VAN POETEREN), England (BASTIAN,
GOODEY), Frankreich (DE MAN), Schweiz
(STEINER und STAUFFER), Tschechoslowakei (MICOLETZKI), Österreich
(MICOLETZKI), Rußland (DE MAN), Java (ZIMMERMANN und STEINER),
Vereinigte Staaten von Nordamerika (COBB, STEINER und HOEPPLI),
Brasilien (RAHM), Australien (COBB), Arktis (STEINER).

b) *Aphelenchus helophilus* de Man 1880.

Synonyma: *A. spec.* DITLEVSEN 1911, S. 242—43.
A. elegans MICOLETZKI 1911, S. 530—31.

Dieser weniger häufig auftretende Nematode unterscheidet sich von
A. parietinus: 1. durch seine erheblich schlankere Form (*a* beim ♀

---

[1] Zum Teil nach MICOLETZKI (4) zitiert.

39—78, beim ♂ 43—78)[1] und die feinere Kutikularringelung; 2. durch die Lage des Excretionsporus, der meist ein beträchtliches Stück hinter dem Ösophagusbulbus und noch hinter dem Nervenring liegt (Abb. 37a); 3. durch die Form des Schwanzes, der in eine gleichmäßig zulaufende Spitze endigt (Abb. 37b u. c); 4. durch die Größe der Spicula, deren dorsale Stücke 26 μ messen gegenüber 22 μ bei *A. parietinus*; 5. durch die stärkere Betonung der knopfförmigen Anschwellungen des hinteren Mundstachelendes; 6. durch das Fehlen der Seitenmembran.

Aus der Literatur ergibt sich (nach MICOLETZKI 4 und GOODEY 3), daß die Körperlänge der ♀ 850 bis 1400 μ, die der ♂ 800—1100 μ beträgt. Die knopfartig abgesetzte Chitinkappe des Vorderendes (Abb. 37d) ist infolge stärkerer Chitinisierung mehr lichtbrechend als die Umgebung. Der Mundstachel ist ferner ein gutes Viertel länger als bei *A. parietinus*. Am Schwanzende ist ein mehr oder weniger gut ausgebildetes Endspitzchen sichtbar. Auch dieses kann in Größe und Form wie bei *A. parietinus* variieren. Die Männchen scheinen gegenüber den Weibchen mitunter in der Minderheit zu sein. Da *A. helophilus* und *A. parietinus* einander oft sehr ähnlich sein können, trägt MICOLETZKI (4, 5) Bedenken, *A. helophilus* als eine besondere Art anzusprechen, zumal die übrigen Organe, wie Speicheldrüsen, Lage der Vulva und Zahl der männlichen Schwanzpapillen bei beiden

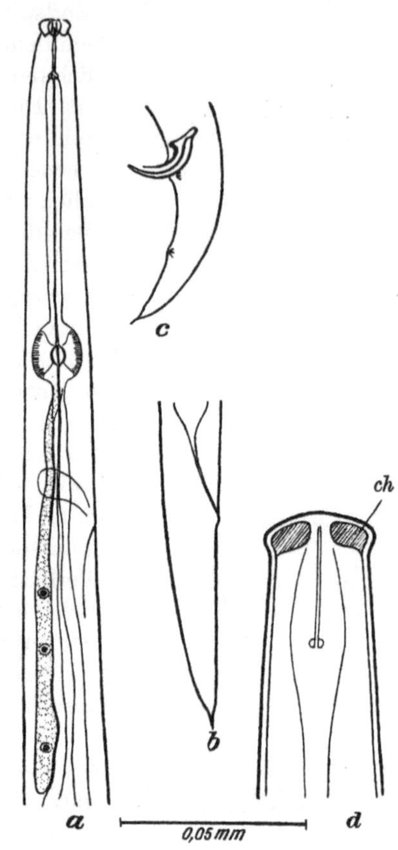

Abb. 37. *A. helophilus. a* Vorderende, *b* Schwanzende des Weibchens, *c* Schwanzende des Männchens, *d* Vorderende stark vergrößert. Erklärung: *ch* Chitinkappe. *a—c* (nach GOODEY 3, *d* Original unter Benutzung einer Vorlage von MICOLETZKI 4).

gleich sind. Jedoch scheinen mir die oben angeführten Merkmale ausreichend, um den Nematoden als eine echte Art anzusehen.

DE MAN (2, S. 140) fand *A. helophilus* an Graswurzeln; MARCINOWSKI (2), die ihn in jungen Getreidekeimlingen, in den Blattscheiden von Getreidepflanzen und gemeinsam mit *A. fragariae* in Erdbeeren be-

---

[1] An den Variationsflügeln ergeben sich natürlich Berührungspunkte.

obachtete, hält ihn für die freilebende Stammform der Blattaphelenchen. Nach MICOLETZKI (4) hat auch DITLEVSEN diese Form vorgelegen, die der Autor in faulendem Laube gefunden hat und als *Aphelenchus* spec. erwähnt. Als *A. helophilus*, f. *elegans* spricht MICOLETZKI (4, S. 530/31) eine von ihm 1914 als *A. elegans* beschriebene Süßwasserform an. GOODEY (3) fand *A. helophilus* mehrfach an Gräsern. Verfasser stellte ihn in Samen von Hainrispengras (*Poa nemorosa* L.) fest (unveröffentlicht).

Verbreitung. Deutschland(MARCINOWSKI, GOFFART), Holland (DE MAN), England (GOODEY), Dänemark (MICOLETZKI), Österreich (MICOLETZKI).

c) *Aphelenchus pseudolesistus* Goodey 1928.

GOODEY (3) erhielt diesen Nematoden aus abgefallenen Eichenblättern und durch Abkratzen und Auswaschen einer Gallbildung an dem Wurzelstock eines Chrysanthemum maximum. Er gibt folgende Maße an: ♀: Gesamtlänge 0,72 bis 0,87 mm. $a = 58—62$, $\beta = 9—10$, $\gamma = 15—16$. ♂: Gesamtlänge 0,52—0,66 mm. $a = 53—55$, $\beta = 9—10$, $\gamma = 20$. Die Würmer (Abb. 38) sind sehr schlank und zart und haben einen sehr kleinen Ösophagealbulbus. Sie gleichen *A. olesistus* in allen Punkten bis auf die etwas größere Länge. Der Excretionsporus liegt ein Stück hinter dem Ösophagealbulbus, und zwar am Beginn des Nervenringes. Die Vulva befindet sich etwa am Ende des zweiten Körperdrittels vom Vorderende gerechnet. Die ♀ Gonade hat einen postvulvären Abschnitt, der ein wenig über die Mitte des Abschnittes zwischen Vulva und Anus hinausgeht. Der Schwanz des ♂ (Abb. 38c) ist in seiner Krümmung, den Spicula und den Schwanzpapillen dem von *A. olesistus* sehr ähnlich.

Nach GOODEY handelt es sich wahrscheinlich um eine saprophytisch lebende Form, die auch mit der var. *longicollis* des *A. olesistus* nicht identisch ist. Von dieser unterscheidet sie sich gleichfalls durch eine schlankere Form (a der var. *longicollis* beim ♀ 32—52, beim ♂ 37—45) und ferner durch den etwas kürzeren vorderen Ösophagusabschnitt, was besonders bei den ♂ zum Ausdruck kommt (vgl. Tabelle 2).

Abb. 38. *A. pseudolesistus*. *a* Vorderende, *b* Schwanzende des Weibchens, *c* Schwanzende des Männchens. (Nach GOODEY 3.)

Fundort: St. Albans, Herts. (England).

d) *Aphelenchus tenuicaudatus* de Man 1895.

DE MAN (3, S. 77—81) fand den Nematoden in sich zersetzenden Pseudobulben tropischer Orchideen, die aus Chester (England) stammten. MICOLETZKI (4, S. 601) traf nur ein einziges Weibchen in Graswurzeln an; STEINER (9, S. 976) konnte weibliche Exemplare des Nematoden in den Wurzeln einer *Cattleya* (Orchid.) gemeinsam mit anderen Nematoden feststellen; doch erreichten sie nur eine Größe von 0,58 bis 0,62 mm gegenüber 0,95 mm bei DE MAN. Das Männchen ist nach DE MAN 0,8 mm groß. Kürzlich stellte GOODEY (3) den Nematoden in sich zersetzendem Wurzelwerk einer Banane fest, die aus einem Warmhaus des Botanischen Gartens Kew (England) stammte. Die Länge der Tiere betrug beim Weibchen 0,67 mm, beim Männchen 0,6 mm.

Morphologisch ist der Nematode (Abb. 39) durch die wohl ausgebildeten sechs papillenlosen Lippen, durch den nicht geknöpften langen Stachel, den großen, fast doppelt so langen wie breiten Ösophagusbulbus, der außerordentlich großen, dorsal vom Darm gelegenen Speicheldrüse und den bei beiden Geschlechtern langen und haarfein zulaufenden Schwanz charakterisiert. Fast immer sind auch die an der Basis des Mundstachelendes inserierenden Muskeln sichtbar. Die Kutikula ist, wie schon DE MAN erwähnt, fein geringelt. Der Excretionsporus hat keine konstante Lage; er kann von der Höhe des vorderen Bulbusrandes bis kurz hinter dem Bulbus liegen. Der Nervenring befindet sich entweder gleich am hinteren Rande des Bulbus oder um ein geringes kaudalwärts verschoben. STEINER und GOODEY erkannten auch einen oder mehrere vom Vorderende der Speicheldrüsen zum Lumen des Öso-

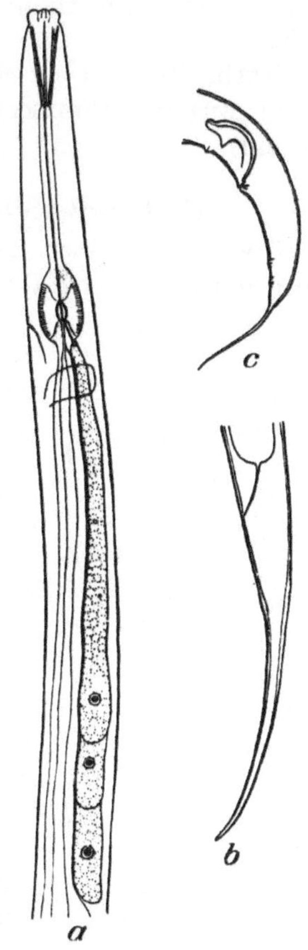

Abb. 39. *A. tenuicaudatus*. a Vorderende, b Schwanzende des Weibchens, c Schwanzende des Männchens. (Nach GOODEY 3.)

phagusbulbus führende Gänge. Die Vulva liegt etwa $^1/_3$—$^1/_4$ der Körperlänge vom Schwanzende aus entfernt. Die weibliche Gonade erstreckt sich fast bis zu den Speicheldrüsen und endigt postvulvär in einen Blindsack. Beim Männchen kann die Gonade vorn zuweilen umgeschlagen sein. Drei Paar Papillen sind vorhanden, die sämtlich ventrolateral liegen, und zwar ein Paar präanal und zwei Paar postanal nur wenig von der Schwanzspitze entfernt. Zuweilen ist noch ein adanales Papillenpaar zu erkennen.

Verbreitung.   England (DE MAN, GOODEY), Bukowina (MICOLETZKI),
New York (U.S.A.) (STEINER).

e) *Aphelenchus demani* Goodey 1928.

Diesen Nematoden, den (nach Angabe von GOODEY 3) schon DE MAN
in Hopfenwurzeln beobachtete, fand GOODEY (3) in Bananen und an

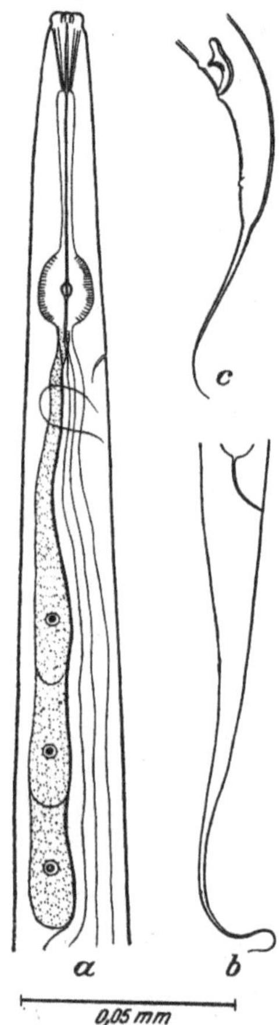

Abb. 40. *A. demani. a* Vorderende, *b* Schwanzende des Weibchens, *c* Schwanzende des Männchens. (Nach GOODEY 3.)

Grashalmen eines von einer Weide stammenden
Rasenstückes und benannte ihn nach dem bekannten Nematodenforscher. Der Nematode ist
im Habitus *A. tenuicaudatus* und *A. longicaudatus*
(und *A. winchesi*) ähnlich und zeichnet sich besonders durch den fadenförmigen Schwanz aus
(Abb. 40). Die von GOODEY ermittelten Maße
sind folgende: ♀: Gesamtlänge 0,64—0,76 mm,
Breite 0,022—0,025 mm, Stachel 0,016 mm[1].
$a = 32$—34, $\beta = 9$—11, $\gamma = 5,3$—5,8. ♂: Gesamtlänge 0,53 mm, Breite 0,016, Stachel
0,0162 mm, Spicula (dorsal) 0,016 mm, (ventral)
0,009 mm. $a = 33$, $\beta = 8,3$, $\gamma = 6,6$. Diese
Maße stimmen nach GOODEY mit den ihm von
DE MAN mitgeteilten Größenangaben durchweg
gut überein.

Das Kopfende ist ein wenig vom Körper
abgesetzt und trägt sechs abgerundete Lippen.
Der an seiner Basis nur sehr schwach geknöpfte
Stachel gleicht, abgesehen von seiner geringeren
Größe, dem von *A. tenuicaudatus*. Der ovale
Ösophagusbulbus ist in seinem vorderen Teile
enger als in dem hinteren. Stark heben sich die
drei Speicheldrüsen hervor. Ein wenig hinter
dem Bulbus, beinahe auf der Höhe des vorderen
Nervenringrandes, mündet der Excretionsporus
nach außen. Etwa am Ende des zweiten Körperdrittels liegt die Vulva. Die ♀ Gonade ist einfach
und nach vorn gerichtet. Ein postvulvärer
Uterusabschnitt, der bei *A. tenuicaudatus* noch
vorhanden ist, fehlt hier.

Der fadenförmige Schwanz ist in beiden
Geschlechtern länger als bei *A. tenuicaudatus* und trägt beim ♂ je ein

---

[1] Nach DE MAN 0,0186—0,0192 mm (gemessen wahrscheinlich vom Vorderende des Körpers bis zur Stachelbasis).

Paar prä- und postanaler Papillen. Das Auftreten eines dritten adanalen
Papillenpaares konnte von GOODEY nicht mit Sicherheit festgestellt
werden. Die Spicula sind schmaler als bei *A. tenuicaudatus*.

Verbreitung. England (DE MAN und GOODEY), Holland (DE MAN).

f) *Aphelenchus longicaudatus* Cobb 1893.

Diese ebenfalls einen langen spitz zulaufenden Schwanz tragende Art
fand COBB (2) auf den Fidschi-Inseln an den Wurzeln von Bananen[1].
Die Größenverhältnisse hat er in den
beiden folgenden Formeln niedergelegt:

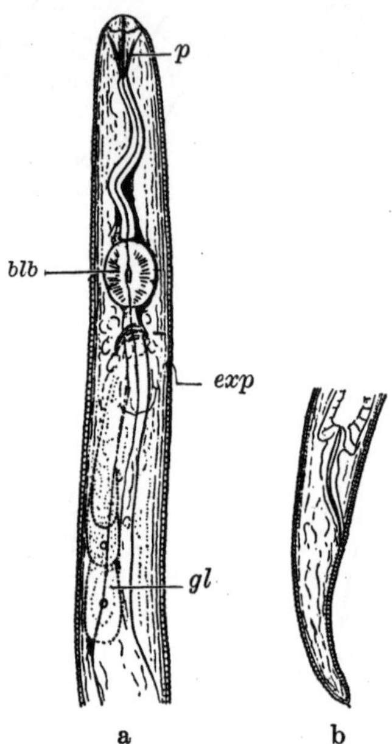

$$♀\ \frac{2,6\quad 11,0\quad 10,0\quad 55,0^{40}\ 70,0}{1,6\quad 1,9\quad 1,8\quad 2,2\quad 1,1}\ 0,8\ \text{mm},$$

$$♂\ \frac{3,0\quad 14,0\quad 13,0\quad \text{M}\quad 72,0}{1,4\quad 2,0\quad 2,0\ 2,6\quad 1,0}\ 0,57\ \text{mm}.$$

Die von ihm gegebene kurze Beschreibung lautet in Übersetzung folgendermaßen: Lippen undeutlich, wahrscheinlich sechs; Stachel spitz, schlank
mit undeutlichem hinteren Ende;
Schwanz konisch, in seinem hinteren Teil
halb borstenartig. Vulva undeutlich;
Uterus wahrscheinlich mit einem rudi-
mentären hinteren Ast. Der ♂ Schwanz
gleicht formal dem ♀. Keine Bursa oder
Papille. Die gebogenen keilförmigen Spicula sind ein wenig länger als der hintere
Körperdurchmesser; ihr proximales Ende
ist nicht kopfartig („cephalic"). COBB
spricht auch von einem chitinösen terminalen Teil, der halb so lang ist wie die
Spicula. Es handelt sich hierbei nach

Abb. 41. *A. chamelocephalus.* a Vorderende, b Schwanzende (Vergr. 560). Erklärung: *blb* Bulbus, *exp* Excretionsporus, *p* Protractormuskel des Stachels,
gl Speicheldrüse. (Nach STEINER 7.)

Ansicht GOODEYS zweifellos um das Ventralstück der Spicula. Derselbe
Nematode ist auch an Päonienwurzeln aus Holland festgestellt worden[2].

g) *Aphelenchus chamelocephalus* Steiner 1926.

Dieser von STEINER (7) in Erdnußpflanzen Südafrikas gefundene
Nematode, von dem Männchen nicht bekannt geworden sind, steht dem
Formenkreis von *A. parietinus* sehr nahe. Abweichend von diesem sind
hauptsächlich das Kopfende und der Stachel (Abb. 41a). Der Kopf des

---

[1] Da mir die Originalarbeit nicht zugänglich war, beziehe ich mich auf die
von GOODEY (3) gemachten Mitteilungen.

[2] Siehe Fußnote auf S. 90.

Nematoden ist nicht knopfartig von dem Körper abgesetzt, wie bei anderen Aphelenchen, sondern bildet die geradlinige Fortsetzung und endigt breit. Es sind frontal vier submediane Kopfpapillen und zwei Amphiden vorhanden, die in der Seitenansicht jedoch schwer zu erkennen sind. Die in Frontalansicht sternförmig angeordneten Chitinstücke stehen wahrscheinlich mit einer feinen zylindrischen Röhre, die den hinteren Teil des zarten Stachels umgibt, in Verbindung. Diese Röhre erstreckt sich bis zu der Insertion der den Mundstachel vorwärts bewegenden Muskeln. · Kurz hinter dem Bulbus liegt der Nervenring; fast ventral von diesem mündet der Excretionsporus nach außen. Wahrscheinlich sind drei Speicheldrüsen vorhanden, die auf der dorsalen Seite des vorderen Darmabschnittes liegen. Das Weibchen hat eine nach vorn geradlinig verlaufende Gonade; ein postvulvär sich erstreckender Arm scheint zu fehlen (Abb. 41b).

h) *Aphelenchus avenae* Bastian 1865.

Synonyma: *A. agricola* DE MAN 1884, S. 138/39.
A. (Paraphelenchus) maupasi MICOLETZKI 1921, S. 603.

Dieser Nematode wurde zuerst von BASTIAN (S. 122/23) zwischen den Blattscheiden von Hafer in Broadmoor, Berks. (England) beobachtet. Später stellte ihn BÜTSCHLI (S. 44—47) an den Wurzeln einer *Plantago* fest. DE MAN, der ihn in Holland an Graswurzeln fand, nennt ihn *A. agricola* (2, S. 138/39). Seine Synonymie mit *A. avenae* erkannte MICOLETZKI (4), der den Nematoden in der Bukowina und in Steiermark teils freilebend im Wiesengelände, teils an einer faulenden Kartoffel fand. GOODEY (2) stellte den Nematoden in einer beschädigten Kartoffel, in faulenden Wurzeln eines Erbsensämlings und eines *Narcissus moschatus* fest. Er hält auch die von MAUPAS (2, S. 571—575) als *A. agricola* DE MAN beschriebene, von MICOLETZKI (4) aber als eine besondere Art angesehene und *A. maupasi* genannte Form für identisch mit *A. avenae*. In großen Mengen lebte der Nematode gemeinsam mit *Fusarium*-Arten auf einer mir von Herrn Dr. WOLLENWEBER, Berlin-Dahlem, freundlichst überlassenen Kultur, die von ewigen Flachsfeldern aus La Estanzuela (Argentinien) herrührte. Er ist weiterhin an Citrus, Iris und Phlox aus Brasilien und in Wurzeln von Süßkartoffeln (Bataten) aus Spanien und U. S. A. festgestellt und als *A. agricola* beschrieben worden. Ferner ist er als *A. avenae* von Phlox- und Maiblumenwurzeln aus U. S. A. bekannt[1]. Endlich fand ihn W. SCHNEIDER an kranken Kartoffelstauden.

Nach den aus der Literatur bekannt gewordenen Maßen variiert auch *A. avenae* beträchtlich in den absoluten und relativen Maßen (vgl.

---

[1] Nach einer mir vorliegenden Aufstellung vom Bureau of Plant Industry, Office of Nematology. U. S. Dep. of Agr., Washington.

Tabelle 2). Er unterscheidet sich von allen vorher betrachteten durch
einen stumpf abgerundeten Schwanz ohne Endspitzchen (Abb. 42a).
Der 10—20 μ lange Mundstachel ist nicht geknöpft, hat aber zwei der
Stachelführung dienende querverlaufende Chitinstückchen (Abb. 42b).
Der sehr breite Ösophagus führt in einen langgestreckten Bulbus und
setzt sich sodann noch ein Stück in gleicher Breite wie präbulbär
fort. Auf der Höhe des Nervenringes, der kurz hinter dem Bulbus
liegt, mündet der Excretionsporus. Die Vulva befindet sich etwa ein

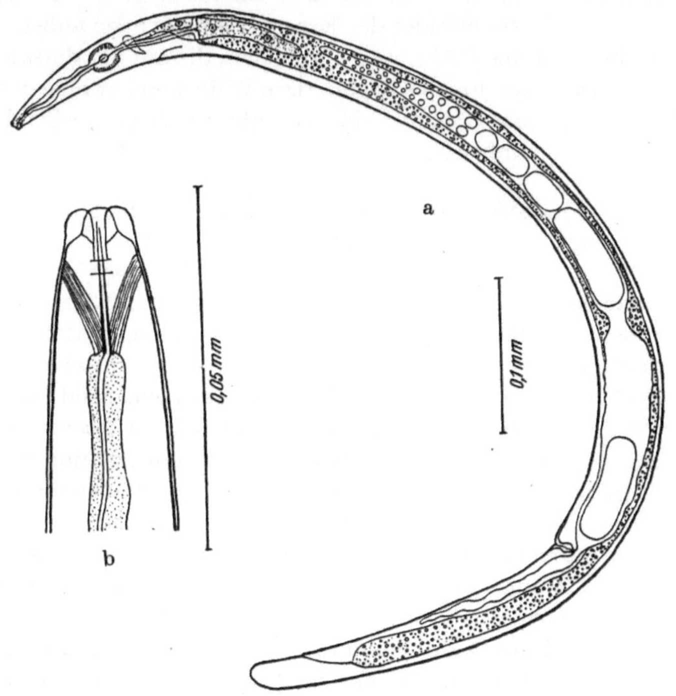

Abb. 42. *A. avenae.* a Weibchen, b Vorderende des Weibchens. (Beide nach GOODEY 2.)

Viertel der Körperlänge vom Schwanzende entfernt und ist durch eine
kurze Vagina mit dem Uterus verbunden, der einen postvulvären
Abschnitt trägt. Da Männchen bisher nie gefunden worden sind, hält
MICOLETZKI den Nematoden für parthenogenetisch; doch ist GOODEY
(2, S. 214) auf Grund seiner Beobachtung der Ansicht, daß sich das
Tier nicht parthenogenetisch vermehrt, sondern ein syngonisch proterandrischer Hermaphrodit ist, d. h. beide Arten von Geschlechts-
zellen gehen, wie bei einigen freilebenden Nematoden, aus einer
Gonade hervor, die zuerst männliche, dann weibliche Geschlechtsprodukte bildet.

Nomenklatorisch spielt diese Art insofern eine Rolle, als STILES und
HASSAL (S. 87) den Nematoden als Typus für die Gattung *Aphelenchus*
aufgestellt haben. Da aber die Männchen wahrscheinlich fehlen, wählen
MICOLETZKI und nach ihm GOODEY für den ♂-Typ *A. parietinus*. Wegen
der abweichenden Ausbildung des Schwanzes und der veränderten Fort-
pflanzungsverhältnisse faßt COBB (14) den Nematoden als Typus einer
von ihm als Subgenus *Aphelenchus* bezeichneten Untergattung auf.

Verbreitung. Deutschland (BÜTSCHLI, DE MAN, W. SCHNEIDER),
Schweiz (STEINER), Holland (DE MAN), England (BASTIAN, GOODEY),
Steiermark und Bukowina (MICOLETZKI), Spanien, U. S. A., Brasilien
(s. Fußnote S. 90), Argentinien (GOFFART, unveröffentlicht).

i) *Aphelenchus caprifici* Cobb 1927.

„*Anguillola del Caprifico*" GASPARRINI 1871 (Vulgärname).

GASPARRINI spricht als erster in seiner Arbeit über die Reifung und
Beschaffenheit der Feigen von dem Auftreten eines Nematoden, den er
„*Anguillola del Caprifico*" nennt. Nach COBB, der über den Nematoden
kurz berichtet (14, S. 57), zeichnet sich dieser von allen anderen Aphelenchen durch die abweichende Bauart des Mundstachels aus. Dieser
ist nämlich etwa vom letzten Drittel an bis zur Basis gegabelt, so daß
er die Form eines umgekehrten Y mit einer kleinen Anschwellung an der
Basis jeder Abzweigung darstellt. COBB schlägt daher vor, diesen Nematoden als Typus einer besonderen Untergattung des Genus *Aphelenchus*
anzusehen, die er *Schistonchus* nennt. Die Größe der ♀ und ♂ Tiere
beträgt nach Mitteilung COBBS an GOODEY (3, S. 151) 0,5 bzw. 0,4 mm.
Im Bau des Ösophagus, der Spicula und der Schwanzpapillen des ♂
unterscheidet sich dieser Nematode von den übrigen Aphelenchen nicht.

Der Nematode wurde in Feigen aus Algier festgestellt; gleichzeitig
fand er sich zwischen den Abdominalsegmenten der Feigenwespe *Blasto-
phaga* (*grossorum* GRAV.?). Es wird angenommen, daß der Nematode die
Wespe nur als Transportmittel benutzt.

III. Unsichere Arten.

a) *Aphelenchus ormerodis* Ritzema-Bos 1891.

Im Anschluß an seine Beschreibung von *A. fragariae* macht RITZEMA-
Bos (2) von einem anderen ebenfalls an Erdbeeren gefundenen Nematoden Mitteilung, den er *A. ormerodis* nennt. Dieser Nematode soll doppelt so breit sein wie *A. fragariae* ($a = 27$), sein Körper sich nach den
Körperenden zu allmählich verjüngen und am Schwanzende in eine sehr
feine Spitze endigen. Der Mundstachel sei etwas größer als bei *A. fragariae* und betrage etwa 12 μ; ferner sei der Bulbus von rundlicher Form.
In den Krankheitssymptomen zeigten die Pflanzen große Übereinstim-

mung mit den Erscheinungen, die durch *A. fragariae* hervorgerufen würden. Die geringen Abweichungen sind nach RITZEMA-BOS wahrscheinlich
nur der vorgerückten Jahreszeit zuzuschreiben. 1917 will derselbe
Forscher den Nematoden wiederum gemeinsam mit *A. fragariae* in Erdbeerpflanzen gefunden haben (10).

Die von dem Autor als spezifische Unterschiede aufgestellten Merkmale (Abweichungen in den relativen Körpermaßen und einige formale
Unterschiede) liegen nach MARCINOWSKI (2) aber noch innerhalb der Variationsbreite von *A. fragariae*; insbesondere sollen der rundliche Ösophagusbulbus und die relativ größere Körperbreite darauf hindeuten, daß
RITZEMA-BOS wahrscheinlich die Jugendform von *A. fragariae* vorgelegen
habe. Dieser Meinung schließt sich auch STEWART an. Wie SCHWARTZ (2)
jedoch mit Recht betont, entbehren die Deutungen MARCINOWSKIS einer
genügenden Begründung, so daß die Identität nicht mit Sicherheit nachgewiesen ist. *A. ormerodis* wird daher zu den ungenügend beschriebenen
und somit zweifelhaften Arten zu rechnen sein (s. auch S. 33).

b) *Aphelenchus coffeae* Noack 1898.

Von NOACK (1) wurde eine in São Paulo (Brasilien) im Jahre 1895
aufgetretene Nematodenkrankheit unter dem Namen ,,Pfahlwurzelfäule''
beschrieben. Die Krankheit, die verschiedentlich durch Vernichtung be-
trächtlicher Pflanzenareale großen Schaden anrichtete, verbreitete sich
später so langsam, daß von einem verheerenden Auftreten keine Rede
mehr sein konnte. Sie äußert sich nach NOACK zunächst in einer Vergilbung der Blätter an den Spitzen der Zweige. Sodann schwärzen sich
die jungen Triebe und vertrocknen, während gleichzeitig das Laub dürr
wird, soweit es nicht schon vorher abgefallen ist. Die Pfahlwurzel ist bei
den kranken Bäumen eigentümlich tonnenförmig aufgetrieben. Die Rinde
zeigt an dieser Stelle zahlreiche unregelmäßige Längs- und Querrisse und
besitzt ein schon mit unbewaffnetem Auge wahrnehmbares schwammiges
Gefüge. In dem erkrankten Gewebe fand NOACK ferner Milben und Pilz-
mycelien, schließt aber aus dem gesamten Befund sowie aus Infektionsversuchen, daß die Nematoden als die Hauptursache der Krankheit
anzusehen sind. Die mikroskopische Untersuchung ergab, daß ,,die
normalerweise in tangentialer Richtung abgeplatteten Korkzellen sich
in dieser Richtung auffallend gestreckt haben. Dabei ist ihr Verband so
stark gelockert, daß sich zwischen ihnen große Interzellularräume befinden. Die radiäre Ausdehnung dieser Korkzellen übertrifft oft das
6- und mehrfache der Breite. Sie nehmen eine Sack- und Schlauchform
an und reihen sich in mehreren Schichten nach außen hin aneinander,
weil die anormalerweise erfolgende Abblätterung der äußeren Kork-
lamellen hier völlig unterbleibt. Aus der Streckung und vielfachen
Schichtung der Korkzellen erklärt sich die Auftreibung der Pfahlwurzel

an der betreffenden Stelle, zu welcher der Holzkörper nicht beizutragen scheint. Das abnorme Korkgewebe macht den Eindruck einer Gallenbildung.‘‘

„Die Männchen und Weibchen sitzen dicht unter der Wurzelfläche in größeren Hohlräumen, die jüngeren Exemplare liegen jedoch viel tiefer im Innern, manchmal direkt an der Initialschicht des Korkgewebes in den Interzellularräumen zusammengerollt oder in langer Schlinge zunächst den Schlauchzellen eingeschmiegt.‘‘ Abbildungen bringt der Verfasser nicht.

Man könnte hiernach annehmen, daß der Nematode nicht ein *Aphelenchus*, sondern *Heterodera (Caconema) radicicola* Greeff sei. Jedoch erklärte Ritzema-Bos, der erkrankte Wurzeln aus São Paulo erhielt, daß die Symptome der Erkrankung ganz andere seien als die von *Heterodera radicicola* hervorgerufenen (v. Faber, S. 217). Die Wurzeln bilden keine Knoten; auch glaubt Ritzema-Bos, daß diese Krankheit für den Kaffeebaum viel gefährlicher sei als die durch *H. radicicola* verursachte Schädigung. Eine Auskunft über den Nematoden und über die „Pfahlwurzelfäule‘‘ konnte ich von dem „Commissão de Estudo e Debellacão da Praga Caféeira‘‘ in São Paulo nicht erhalten. Ich halte es daher für zweckmäßig, auch diesen Nematoden als eine unsichere Art anzusehen.

Alphabetisches Verzeichnis der Aphelenchen mit Synonyma[1].

A. aderholdi Schwartz 1912 = *A. parietinus* Bastian 1865.
A. agricola de Man 1881 = *A. avenae* Bastian 1856.
A. avenae Bastian 1865.
A. apiculatus (Autor unbekannt) 1928. (Vgl. S. 54 unter *A. subtenuis*).
A. caprifici Cobb 1927.
A. chamelocephalus Steiner 1926.
A. cocophilus Cobb 1919.
A. coffeae Noack 1898. Unsichere Art. (*Heterodera radicicola?*)
A. coffeae Zimmermann 1898 = *A. parietinus* Bastian 1865.
A. demani Goodey 1928.
A. dubius Steiner 1914 = *Anguillulina (Tylenchorrhynchus) robustus* de Man 1884. Freilebend (Micoletzki 4).
A. dubius var. peruviensis Steiner 1920 = *Anguillulina robustus*.
A. elegans Micoletzki 1914 = *A. helophilus* de Man 1880.
A. erraticus v. Linstow 1876 = *A. parietinus* Bastian 1865.
A. foetidus Bütschli 1874 = *Tylopharynx striata* de Man.
A. fragariae Ritzema-Bos 1891.
A. goeldii Steiner 1914. Freilebend (Steiner 1, S. 429—430) (vgl. auch Fußnote auf S. 79).
A. helophilus de Man 1880.
A. littoralis Hofmänner 1915 = *A. parietinus* Bastian 1865.
A. longicaudatus Cobb 1893.

---

[1] Die mit * versehenen Arten sind, da nicht an Pflanzen vorkommend oder nicht zur Gattung *Aphelenchus* gehörig, in der Monographie unberücksichtigt geblieben.

A. maupasi MICOLETZKI 1921 = *A. avenae* BASTIAN 1865.

A. microlaimus COBB 1893 = *A. parietinus* BASTIAN 1865.

A. minor COBB 1893 = *A. parietinus* BASTIAN 1865.

A. modestus DE MAN 1876 = *A. parietinus* BASTIAN 1865.

A. mycogenes SCHWARTZ 1912 = *A. parietinus* BASTIAN 1865,

A. naticochensis STEINER 1920. Freilebend (STEINER, Freilebende Süßwassernematoden aus peruanischen Hochgebirgsseen. Rev. Suisse Zool. **28,**
11—44).

A. neglectus RENSCH 1924 = *Anguillulina pratensis* DE MAN 1876 (STEINER 9,
S. 961—967).

A. nivalis AURIVILLIUS 1883. Kein *Aphelenchus*; Gattung unsicher (GOODEY 3).

A. olesistus RITZEMA-BOS 1893.

A. olesistus var. *longicollis* SCHWARTZ 1911.

A. ormerodis RITZEMA-BOS 1891. Unsichere Art; zu *A. parietinus* oder *A. fragariae* gehörig?

A. parietinus BASTIAN 1865.

A. penardi STEINER 1914 = *A. parietinus* BASTIAN 1865.

A. phyllophagus STEWART 1921 = *A. ritzemabosi* SCHWARTZ 1911.

A. pseudolesistus GOODEY 1928.

A. pseudoparietinus MICOLETZKI 1921 = *Paraphelenchus pseudoparietinus* (MICO-
LETZKI 1921) GOODEY 1927. (Vgl. Fußnote S. 5).

A. pusillus THORNE 1929. Freilebend (THORNE, G., Nematodes from the summit
of Long's Peak, Colorado. Trans Amer. Microsc. Soc. **48,** 181—195).

A. pyri BASTIAN 1865 = *A. parietinus* BASTIAN 1865.

A. retusus COBB 1927. In einer toten Puppe von *Chaetopsis aenea* (Dipt.),
U.S.A. (COBB 14).

A. ribes (TAYLOR 1917) GOODEY 1923.

A. richtersi STEINER 1914 = *A. parietinus* BASTIAN 1865.

A. ritzemabosi SCHWARTZ 1911.

A. rivalis BÜTSCHLI 1873 = *A. parietinus* BASTIAN 1865.

A. spec. DITLEVSEN 1912 = *A. helophilus* DE MAN 1880.

A. steueri STEFANSKI 1916 = *Anguillulina* (*Tylenchorrhynchus*) *robustus* DE
MAN 1884. Freilebend (MICOLETZKI 4).

A. striatus STEINER 1914 = *A. parietinus* BASTIAN 1865.

A. subtenuis COBB 1926.

A. tenuicaudatus DE MAN 1895.

A. villosus BASTIAN 1865 = *A. parietinus* BASTIAN 1865.

A. winchesi GOODEY 1927. In Schweinedung lebend, England (GOODEY 2).

Übersicht über die absoluten und relativen Körpermaße der Aphelenchen. (Tabelle 2.)

Art	Weibchen								
	Körperlänge μ	Körperbreite μ	Länge des Mundstachels μ	α	β	γ	δ	ε	ζ
A. fragariae	570—920	12—15	8—9,5	44—60	11—15	15—20	3	9*	7*
A. ritzemabosi	816—1248 *1052*	19—24	6—9 *8*	34—54 *45*	12—15 *13*	17—23 *20*	3—4 *3*	8—10 *9*	9—13 *10*
A. ribes	920—1120	19—21	11—12	47—53	13—14	18*	?	7,5—9,3	6,5*
A. subtenuis	900	23	10*	39	11,7*	22	3,3	—	8*
A. olesistus	497—810 *570*	11—12	6—9 *8*	40—55 *47*	8—12 *11*	11—20²	3—3,5 *3*	7—9 *8*	6—10 *8*
A. olesistus var. longicollis	483—728 *681*	15*	8—9 *8,5*	32—52 *44*	7—9 *9*	13—18 *16*	(2,1)—3 *3*	6 *6*	7—10 *9*
A. cocophilus	900—1100	13—14	12,5	83	20	50	3,1	?	7
A. parietinus	350—1216 *620*	— *22*	7—10*	23—58 *31,6*	7—15 *10*	11—21 *15*	— *3,3*	— *9*	5,2—11 *6*
A helophilus	720—1400	19—25*	12*	39—78	9—17	14—20	3—3,4*	?	5,2—7 *5*
A. pseudolesistus	720—870	12—15*	8*	58—62	9—10	15—16	3,3	?	7*
A. tenuicaudatus	580—950	18—26*	22—27	32—36	7,4—9,5	7³/₄—8³/₄	3—4*	7*	4*
A. demani	600—760	22—25	16	32—35	9—11	5,3—6,5	?	8*	4—5*
A. longicaudatus	800	17	16*	47	10	3,3	2,2	?	5,5*
A. chamelocephalus	507—546	17—19	11*	26—32	9*	14—18	3—3,5	7,5*	5
A. avenae	580—1270	28—33	10—20 *18*	23—37 *28*	7—14 *9,1*	12,6—31 *22*	3,7—4	8*	5—6
A. caprifici	500	—	—	—	—	—	—	—	—

Anmerkung. $1\,\mu = 0,001$ mm. Die mit * bezeichneten Zahlen geben berechnete Werte an. Sie sind daher nur als annähernde Werte anzusehen. Die durch *Kursiv*schrift gekennzeichneten Zahlen geben die Mittelwerte an.

Übersicht über die absoluten und relativen Körpermaße der Aphelenchen. (Tabelle 2, Fortsetzung.)

Art	Männchen								
	Körperlänge μ	Körperbreite μ	Länge des Mundstachels μ	Länge der Spicula μ	α	β	γ	ε	ζ
A. fragariae	590—850	13—15	8—9	21—23 (d.) 8—10 (v.)	45—57	11—12	18—19	8*	7*
A. ritzemabosi	880—1232	19—23	8—9	15—18 (d.) 9—12 (v.)	37—51	11—15	24—37	?	8—10
	1021		*9*	*17 (d.)* *11 (v.)*	*43*	*13*	*30*		*9*
A. ribes	900—1100	19—21	11—12	22 (d.)	47—52	13	18*	?	7*
A. subtenuis	750	18	8*	10 (v.)	41,6	12,5*	23	?	7,5*
A. olesistus	434—620	10—12	6—9	11—14 (d.) 8—9 (v.)	36—50	8—10	14—25	6—7	6—9
	480	*11*	*8*	*13 (d.)* *9 (v.)*	*40*	*9*	*16*	*6*	*7*
A. olesistus var. . . .	525—637	14*	8—10	12—15 (d.) 9 (v.)	37—45	6—8	15—19	5—6	7—10
longicollis	*582*		*9*	*15 (d.)* *9 (v.)*	*41*	*8*	*17*	*5*	*9*
A. cocophilus	820—1050	10	12,5	12 (d.) 8 (v.)	100—116	20	27—35 30	?	7
A. parietinus	350—900	—	7—10*	—	25—47	8—16	10—24	—	3,5—8,3
	605	*24*		*22 (d.)*	*34,3*	*10*	*15,5*	*9*	*5,8*
A. helophilus	800—1100	19—20*	12*	—	43—78	9—12	20	?	— *5*
A. pseudolesistus . . .	520—660	10—12*	8*	*26 (d.)* 11—14 (d.) 8—9 (v.)	53—55	9—10	20	?	7*
A. tenuicaudatus . . .	600—800	20	22—27	?	34—36	7,5—9	11—15	7*	4
A. demani	530—550	16	16,2	16 (d.) 9 (v.)	33—40	8—8,3	6,6—7	?	4
A. longicaudatus . . .	570	15	15*	?	38	7,7	3,5	?	5,3
A. chamelocephalus . .	—	—	—	—	—	—	—	—	—
A. avenae	—	—	—	—	—	—	—	—	—
A. caprifici	400	—	—	—	—	—	—	—	—

Anmerkung. 1 μ = 0,001 mm. Die mit * bezeichneten Zahlen geben berechnete Werte an. Sie sind daher nur als annähernde Werte anzusehen. Die durch *Kursiv*schrift gekennzeichneten Zahlen geben die Mittelwerte an.

Schriftenverzeichnis[1].

'Aderhold, R.: Arbeiten der Botan. Abt. d. Versuchsstat. d. kgl. Pomol. Instituts zu Proskau. II. Zbl. Bakter. II. Abt., **6**, 631—632 (1900). — **Arends, G.:** Die Bekämpfung der Älchenkrankheit an gärtnerischen Kulturen. Blumen- u. Pflanzenbau **41**, 399—400 (1926). — **Ashby, S. F.:** 1. Some recent observations on red ring disease of the coconut. Agricult. News, Barbados **20**, 334, 350—351 (1921.) — 2. Two diseases of the coconut palm in Ceylon. Ebenda 190 (1921). — **Atkinson, G. F.:** Note on a nematode leaf disease. U. S. Depart. Agric., Division of Entomol. Insect life **4**, 31—32 (1891).

Ball, E.:* Some observations on „red plant“. Ann. Rep. Agricult. a. Hortic. Res. Sta. Long Ashton 1926. (Ref. J. Ministry Agricult. **24, 641 [1927].)— **Ball, E., C. E. T. Mann** a. **L. N. Staniland:** Strawberry investigations at Long Ashton. II. J. Ministry Agricult. **24**, 627—641. London 1927. — ***Ballard, E.** a. **G. S. Peren:** Red plant in strawberries and its correlation with „cauliflower disease“. J. Pomol. a. Hortic. Sci. **3**, 9—10. London 1923. (Ref. R. a. E. **11**, 539 [1923].) — ***Barett, O.W.:** Notes upon miscellaneous crops. Proc. Agricult. Soc., Trinidad **7**, 303 (1906). (Ref. nach Nowell 4.) — **Bastian, C. H.:** A monograph of the Anguillulidae. Trans. Linn. Soc. **25**, 73—184. London 1865. — **Baylis, H. A.** and **R. Daubney:** A synopsis of the families and genera of Nematoda. London 1926. — **Berkeley, M. J.:** Specimens of a disease in carnations. Gardeners Chronicle, n. s. **16**, 662 (1881). — **Berliner, E.** u. **K. Busch:** Über die Züchtung des Rübennematoden (*Heterodera schachti* Schmidt) auf Agar. Biol. Zbl. **34**, 349—356 (1914). — **Blunck, H.:** Die Erforschung epidemischer Pflanzenkrankheiten auf Grund der Arbeiten über die Rübenfliege. Z. Pflanzenkrkh. **39**, 1—28 (1929). — **Bremer, H.:** Grundsätzliches über den Massenwechsel. Z. angew. Entomol. **14**, 254—272 (1928). — **Bubak, F.:** Bericht über die Tätigkeit der Station für Pflanzenkrankheiten und Pflanzenschutz an der Kgl. Landwirtschaftl. Akademie in Tabor (Böhmen) im Jahre 1910. Z. landw. Versuchswesen in Österreich **1911**, 700—705. — **Bütschli, O.:** Beiträge zur Kenntnis der freilebenden Nematoden. Nova Acta d. ksl. Leop.-Carol. Dtsch. Akad. Naturforsch. **36**, Nr 5, 1—144. Dresden 1873. — ***Byars, L. P.:** Notes on plant parasitic nematodes. Abstr. in: Science, n. s. **43**, 219 (1916).

Cattie, Th.: Kleiner Beitrag zur Kenntnis der Älchenkrankheit der Farnkräuter. Z. Pflanzenkrkh. **11**, 34 (1901). — **Chandler, Asa C.:** Artificial cultivation of freeliving Nematodes. Science, n. s. **60**, 203—204 (1924). — **Chifflot, M.:** Sur l'origine de certaines maladies des Chrysanthèmes. C. r. Acad. Sci. Paris **134**, 196—198 (1902). — ***Clinton, G. P.:** Diseases of plants caused by nematodes.

---

[1] Es war mein Bestreben, eine möglichst lückenlose Zusammenstellung aller über pflanzenbewohnende Aphelenchen erschienenen Veröffentlichungen zu geben. Dennoch ist es möglich, daß einige Arbeiten in schwer zugänglichen Zeitschriften übersehen worden sind. Soweit die Arbeiten nicht im Original erhältlich waren, habe ich mich auf ein Referat gestützt. Diese sind durch * kenntlich gemacht worden. Es bezeichnet R. a. E. Review of applied Entomology. Serie A. Agricultural. Herausgegeben vom Imperial Bureau of Entomology, London.

Conn. State Stat. Rep. (1915), 452—462. (Ref. Exp. Stat. Record **36**, 52 [1917].) — **Cobb, N. A.**: 1. Strawberry bunch. Agricult. Gaz. New South Wales **2**, 390 (1891). — *2. Nematodes, mostly Australian and Fijian. Macleay Memorial Vol. Dept. of Agricult. New South Wales. Miscell. Public. 13. Sydney 1893. (Ref. nach Micoletzki 4.) — 3. Citrus root nematode. J. Agricult. Res. **2**, 217—230 (1914). — 4. Nematodes and their relationships. Yearbook Depart. Agricult. for 1914, 457—490 (1915). — 5. The Mononchs. Soil Sci. **3**, 431—488 (1917). — 6. Intra vitam color reactions. Science, n. s. **46**, 167—169 (1917). — 7. A new discovered nematode *Aphelenchus cocophilus* n. sp., connected with a serious disease of the coconut palm. West Indian Bull. **17**, 203—210 (1920). — 8. Transference of Nematodes (Mononchs) from place to place for economic purposes. Science, n. s. **51**, Nr 1330, 640—641 (1920). — 9. Nematodes inhabiting trees. J. Washington Acad. Sci. **13**, 111 (1923). — 10. The coconut industry, its economic importance and a serious disease of the coconut caused by a nematode. Ebenda **13**, 189 (1923). — 11. Salivary glands of the nemic genera *Tylenchus* and *Aphelenchus*. J. of Parasitol. **9**, 236—238 (1923). — 12. Interesting features in the anatomy of nemas. Ebenda **9**, 242—243 (1923). — *13. Nemic Diseases of *Narcissus*. The Official Record, U. S. Depart. of Agricult., Washington **1926**, 3. (Ref. nach Goodey 3). — 14. Helminthological Society of Washington. J. of Parasitol., Urbana **14**, 54—72 (1928). — 15. Helminthological Society of Washington. Ebenda **8**, 94 (1922). — **Cook, H. H.**: Eelworm disease of Chrysanthemums. Gardeners Chronicle **81**, 415 (1927).

Davis, J. J.: Report on insects injurious to flowering and ornamental greenhouse plants in Illinois. 27. Rep. of the State Ent. on the noxious and beneficial insects of the State of Illinois **1912**, 83—143. — **Detmann**: Nematodenkrankheiten an Gartenpflanzen. Z. Pflanzenkrkh. **11**, 184—185 (1901). — **Ditlevsen, Hj.**: Danish freeliving Nematodes. Vidensk. Medd. naturhist. Foren. **63**. Kopenhagen 1911. — **Draeger, G.**: Lehrgang für Erwerbsgärtner in Geisenheim am 11. und 12. Okt. 1928. Kleintierzucht u. Gartenbau **53**, 655—657 (1928).

v. Faber, F. C.: Die Krankheiten und Schädlinge des Kaffees. II. Zbl. Bakter. II. Abt., **23**, 215—218 (1913). — *Forbes, S. A.**: Twenty-seventh Rep. of the State Entomologist on the noxious and beneficial insects of the State of Illinois (1912). (Ref. Exp. Stat. Record **28**, 854 [1913].) — *Freeman, W. G.**: Plant pathology. Rep. Depart. Agricult. Trinidad a. Tobago **1925**, 31—34. (Ref. R. a. E. **14**, 546 [1926].) — *Fulmek, L.**: 1. Über die durch *Aphelenchus ormerodis* Ritzema-Bos verursachte Blattkrankheit der Chrysanthemen. Mitt. k. u. k. Pflanzenschutzstat. Wien. Sond.-Abdr. **1910**. (Ref. nach Rozsypal 2.) — 2. Neuerungen im Pflanzenschutz. Vortrag gehalten im Dez. 1912. **1913**, 1—17. Selbstverlag d. k. u. k. Pflanzenschutzstat. Wien. — 3. Die Schwefelkalkbrühe. Österr. Gartenztg **9**, 76—79 (1916).

Gasparrini, G.: Sulla maturazione e la qualità dei Fichi di Napoli. Atti Accad. Pontaniana Napoli **9**, 99—118 (1871). — **Glindemann, F.**: Die Älchenkrankheit an dem Chrysanthemum. Blumen- u. Pflanzenbau **42**, 362—363 (1927). — **Goe**: Die Bekämpfung der Älchen. Ebenda **43**, 13 (1928). — **Goffart, H.**: 1. Zur Systematik und Biologie von *Aphelenchus ritzemabosi* Schwartz (Nemat.). Zool. Anz. **76**, 242—251 (1928). — 2. Maßnahmen zur Bekämpfung der Älchenkrankheit an Chrysanthemen. Nachr.bl. dtsch. Pflanzenschutzdienst 8. Jg., 1—2. Berlin 1928. — 3. Beobachtungen über *Anguillulina pratensis* de Man. Z. Parasitenkunde **2**, 97—120 (1929). — *Golledge, C. J.**: The insects injurious to Chrysanthemums in Britain. J. North of Engl. Hort. Soc., Leeds, Nr. 53—54 (1915). (Ref. R. a. E. **3**, 747 [1915].) — **Goodey, T.**: 1. A review of the plant parasitic members of the genus *Aphelenchus*. J. Helminthol. **1**, 143—156. London 1923. — 2. On the nematode genus *Aphelenchus*. Ebenda **5**, 203—220 (1927). — 3. The species of the genus *Aphelenchus*. Ebenda **6**, 121—160 (1928). — **Graebner, P.** u. **W. Lange:** Illustriertes Gartenbau-Lexikon. 4. Aufl. Berlin 1926. — **Gram, E.** u. **M. Thomsen:** 1.Oversigt over Sygdomme hos Landbrugets og Havebrugets Kulturplanter i 1923. (Übersicht über Krankheiten und Schäden landwirtschaftlicher und gärtnerischer Pflanzen in Dänemark 1923.) Tidsskr. Planteavl. **30**, 361—414 (1924). — 2. Oversigt over Sygdomme hos Landbrugets og Havebrugets Kulturplanter i 1925. Mit engl. Resumé. Ebenda **33**, 84—148 (1927). — 3. Oversigt usw. i 1926. Ebenda **33**, 781—841 (1927).

Halsted, D.: 1. Nematodes in the Chrysanthemum. Garden and Forest **3**, 499 (1890). — *2. Rep. of the Botan. Depart. of the New Jersey Agricult. Coll. Exper. Stat. 1891—93. (Ref. Noack, Z. Pflanzenkrkh. **5**, 336—342.) — *Hart, J. H.:** Coconut disease. Bull. of miscellaneous information Roy. Botan. Gardens, Trinidad **6**, 241—243 (1905). (Ref. nach Nowell 4.) — **Hebenstreit:** Pikrinsäure gegen die Älchenkrankheit bei Lorraine-Begonien usw. Möllers Dtsch. Gärtnerztg **36**, 254—255 (1921). — **Hetherington, D. C.:** 1. Comparative studies on certain features of nematodes and their significance. Illinois Biol. Monogr. 8, Nr 2, 1—62 (1923). — 2. Some new methods in nematode technique. J. of Parasitol. **9**, 102—104 (1923). — **Hilgermann** u. **Weißenberg, R.:** Nematodenzüchtung auf Agarplatten. Zbl. Bakter. I. Abt., 80, 467—472 (1918). — *Hodson, W. E. H.** a. **Beaumont, A.:** 1. Firth Ann. Rep. of the Depart. of Plant Pathol. for the Year ending Sept. 30th 1924. (Ref. R. a. E. **13**, 321 [1925].) — *2. Strawberry diseases in Devon and Cornwall. Seale Hayne Agricult. College, Depart. of Pathol. 1926. (Ref. nach Ball, Mann a. Staniland.) — **Hoeppli, R. J. C.:** The Helminthological Society. J. of Parasitol. **12**, 111 (1926). — **Hofer:** Nematodenkrankheiten bei Topfpflanzen. Z. Pflanzenkrkh. 11, 34—35 (1901). — **Hofmänner, B.:** Contribution à l'étude des nématodes libres du lac Léman. Rev. Suisse Zool. **21**, 589—658 (1913). — **Hofmänner, B.** u. **R. Menzel:** Die freilebenden Nematoden der Schweiz. Ebenda **23**, 109—243 (1915).

Illmer, K.: Die Älchenkrankheit der Chrysanthemen und ihre Bekämpfung. Blumen- u. Pflanzenbau **43**, 45 (1928).

*Jackson, T. P.:** Work connected with insect and fungus pests and their control. Rep. Agricult. Depart. St. Vincent, Trinidad **1924**, 16—25. (Ref. R. a. E. **14**, 86—87 [1925].) — **Janse, J. M.:** De aaltjesziekten van eenige cultuurplanten en de middelen ter haarer bestrijding aangewend. Teysmannia **3**, 473—800 (1892). — **Jegen, H. G.:** 1. Zur Biologie und Anatomie einiger Enchyträiden. Vjschr. naturforsch. Ges. Zürich **65**, 100—208 (1920). — 2. Bodenbiologische Probleme (tierische Einwirkungen im Erdreich). Verh. Schweiz. naturforsch. Ges., 102. Jahresvers. **1921**, 149—150. — **Joffrin, H.:** Sur deux maladies non décrites des feuilles de Chrysanthèmes. Cosmos, n. s. **45**, 787—788 (1901). — *Johnston, J. R.:** The serious coconut palm diseases in Trinidad. Bull. Depart. Agricult. Trinidad 9, 25—29 (1910). (Ref. nach Nowell 4.)

Klebahn: Zwei vermutlich durch Nematoden erzeugte Pflanzenkrankheiten. Z. Pflanzenkrkh. 1, 321—325 (1891). — *Kornauth, K.:** Ber. über die Tätigkeit d. k. u. k. landw. bakter. und Pflanzenschutzstation in Wien 1913. Sond.-Abdr. Z. landw. Versuchswesen in Österreich **1914**. (Ref. Z. Pflanzenkrkh. **25**, 161 [1915].) — **Krause, J.:** Der Älchenbefall der Chrysanthemumarten. Gärtner-Börse 8, 589—591 (1926).

*Lang, W.:** Tierische Schädlinge im Gewächshaus. Vortrag, gehalten am 3. Febr. 1914. (Ref. Z. Pflanzenkrkh. **25**, 248 [1915].) — **Laubert, R.:** 1. Die Älchenkrankheit der Farne. Gartenwelt 14, 89—92 (1910). — 2. Zwei neue wenig bekannte Pflanzenkrankheiten aus meinem Garten. Der Blumen- u. Pflanzenbau **44**, 184—185 (1929). — *Lees, A. H.** a. **L. N. Staniland:** 1. Progress report on red plant of strawberries. J. Bath and West and South. Counties Soc,.

V. s. **19**, 196—199 (1924/25). (Ref. Exper. Stat. Rec. **56**, 850.) — 2. Progress report on red plant of strawberries. Ann. Rep. Agricult. a. Hort. Res. Stat. Long Ashton for 1924. (Ref. R. a. E. **13**, 486 [1925].) — **v. Linstow, O.**: Helminthologische Beobachtungen. Arch. Naturgeschichte **42**, 10—11 (1876). — **Ludwig, F.**: V.—XIII. Phytopathol. Bericht d. Biol. Zentralanst. f. d. Fürstentümer Reuß ä. u. j. Linie **1909—1917**. — **Lüstner, G.**: Bericht d. kgl. Lehranst. f. Wein-, Obst- u. Gartenbau Geisenheim **1902**, 206.

Magath, T. B.: Nematode technique. Trans. Amer. Microsc. Soc. **35**, 245—256 (1916). — **de Man, J. G.**: 1. Onderzoekingen over vrij in de aarde levende Nematoden. Tijdschr. nederl. dierkd. Vereeniging, Deel 2, 78—196 (1876). — 2. Die frei in der reinen Erde und im süßen Wasser lebenden Nematoden der niederländischen Fauna. Leiden 1884. — 3. Description of three species of Anguillulidae observed in diseased pseudo-bulbs of tropical orchids. Proc. a. Trans. Liverpool Biol. Soc. **9**, 76—94 (1895). — **Mangin, L.**: Sur la maladie „de la rouille“ des fleurs immortelles causée par une anguillule. C. r. Soc. Biol. Paris, X. s. **2**, 749—751 (1895). — **Marcinowski, K.**: 1. Untersuchungen über Nematoden. Mitt. Ksl. Biol. Anst. Land- u. Forstwirtschaft **6**, 40—43 (1908). — 2. Zur Kenntnis von *Aphelenchus ormerodis* Ritzema-Bos. Arb. Ksl. Biol. Anst. Landu. Forstwirtschaft **6**, 407—444 (1908). — 3. Parasitisch und semiparasitisch an Pflanzen lebende Nematoden. Ebenda **7**, 1—192 (1909). — ***Massee, G.***: Nematodes or eelworms. Roy. Bot. Garden Kew, Bull. misc. informat. **9**, 343—351 (1913). (Ref. Exp. Stat. Record **30**, 648 [1914].) — **Maupas, E.**: 1. La mue et l'encystement chez les nématodes. Arch. Zool. expér. III. s. **7**, 563—628 (1899). — 2. Modes et formes de reproduction des nématodes. Ebenda III. s. **8**, 463—624 (1900). — **May, H. G.**: 1. Killing, staining and mounting parasitic nematodes. Trans. Amer. Microsc. Soc. **41**, 103—105 (1922). — 2. On killing, staining and mounting nematodes. J. of Parasitol. **9**, 240—241 (1923). — **Merkel**: Älchen an Doronicum und Salvien. Die Deutsche Gartenwelt **33**, 600—601 (1929). — **Micoletzki, H.**: 1. Freilebende Nematoden der Ostalpen mit besonderer Berücksichtigung des Lunzer Seengebietes. Zool. Jb., System. **36**, 331—546 (1914). — 2. Freilebende Nematoden der Ostalpen. Nachtrag. Die Nematodenfauna des Grundl-, Hallstätter-, Ossiacher- und Millstätter Sees. Ebenda **38**, 245—274 (1915). — 3. Freilebende Süßwassernematoden der Bukowina. Ebenda **40**, 441—586 (1917). — 4. Die freilebenden Nematoden. Arch. Naturgeschichte, Abt. A, **87**, 1—649 (1921). — 5. Die freilebenden Süßwasser- und Moornematoden Dänemarks. Mém. Acad. Roy. Sci. et Lettr. Danemark, Sect. des Sci. VIII. s. **10**, Nr 2 (1925). — **Mokrzecki, S. A.**: Über die innere Therapie der Pflanzen. Z. Pflanzenkrkh. **13**, 257—265 (1903). — **Molz, E.**: Über *Aphelenchus olesistus* Ritz. Bos und die durch ihn hervorgerufene Älchenkrankheit der Chrysanthemen. Zbl. Bakter. II. Abt., **23**, 656—671 (1909). — **Müller-Thurgau, H.**: Bericht der Schweiz. Versuchsanst. f. Obst-, Wein- u. Gartenbau 1907/08. S.-A. a. Landw. Jb. Schweiz **1910**, 203—256 (218).

Naberhaus, W.: Bekämpfung der Älchen an Begonien. Gartenwelt **32**, 720—721 (1928). — **Naumann**: Schädlinge an *Chrysanthemum indicum*. Die kranke Pflanze **3**, 185—188 (1926). — **Noack, F.**: 1. Die Pfahlwurzelfäule des Kaffees, eine Nematodenkrankheit. Z. Pflanzenkrkh. **8**, 137—142, 202—203 (1898). — 2. Phytopathologische Beobachtungen aus Belgien und Holland. Ebenda **12**, 343—349 (1902). — **Nowell, W.**: 1. Poisoning a coconut-palm. Agricult. News **16**, 388 (1917). — 2. Root disease of coconut palms in Grenada. Ebenda **17**, 398—399 (1918). — 3. The root disease or red ring disease of coconut palms. Ebenda **18**, 46 (1919). — 4. The red ring or ‚root' disease of coconut palms. West Indian Bull. Barbados **17**, 189—202 (1920). — 5. The red ring disease of coconut palms. Infection experiments. Ebenda **18**, 73—76 (1921). — 6. Diseases of crop-plants in the Lesser Antilles. London (The West India Committee) o. Jahreszahl.

Osterwalder, A.: 1. Eine epidemische Erkrankung der Gloxinien, verursacht durch eine Anguillula. Schweiz. Gartenbau **12**, 351 (1899). — 2. Über einige weitere Nematodenkrankheiten. Ebenda **13**, 2 u. 40—42 (1900). — 3. Nematoden an Blättern von *Chrysanthemum* und *Saintpaulia ionantha*. Ebenda **13**, 518—523 (1900). — 4. Nematoden als Feinde des Gartenbaues. Gartenflora **50**, 337—346 (1901). — 5. Nematoden an Freilandpflanzen. Z. Pflanzenkrkh. **12**, 338—342 (1902). — 6. Zu der Abhandlung von Prof. Dr. Ritzema-Bos: Drei bis jetzt unbekannte von *Tylenchus devastatrix* verursachte Pflanzenkrankheiten. Ebenda **14**, 43—46 (1904). — 7. Eine neue Krankheit bei *Pentastemon*. Schweiz. Obst- u. Gartenbauztg **1913**. (Ref. Jb. d. Schweiz **1915**, 602.) — 8. Durch das Blatt- und Stengelälchen, *Aphelenchus ormerodis* und *Tylenchus dipsaci*, verursachte Krankheiten an Zierpflanzen. Ber. Schweiz. Versuchsstat. f. Obst-, Wein- u. Gartenbau **1913**/14 (s. a. Landw. Jb. d. Schweiz **1915**), 520—522.

Poeteren, N. van: Verslag over de Werkzaamheden van den Plantenziekten-kundigen Dienst in den Jaaren 1920—21. Versl. en Mededeel. Plantenz. Dienst te Wageningen Nr 27 (1922). — 2. Verslag usw. in het Jaar 1922. Ebenda Nr 31 (1923). — 3. Verslag usw. in het Jaar 1923. Ebenda Nr 34 (1924). — 4. Verslag usw. in het Jaar 1924. Ebenda Nr 41 (1925). — **Poser:** Ein Versuch mit Upsulun zur Bekämpfung der Blattälchen. Gartenwelt **25**, 217—218 (1921). — **Potts, E. A.:** Notes on the free-living nematodes. Part 1. Quart. J. Microsc. Sci., n. s. **55**, 433—484 (1910).

Rahm, G.: Algunas nematodes parasitas e semiparasitas das plantas culturaes do Brasil. Arch. Inst. Biol. São Paulo 1, 239—252 (1928). — **Reinhardt, L.:** Kulturgeschichte der Nutzpflanzen. IV, 1. Hälfte. München 1911. — **Richter, M.:** Bericht über die Tätigkeit der k. u. k. landw.-chem. Versuchsstat. in Görz 1913. Sond.-Abdr. Z. landw. Versuchswesen in Österr. **1914**. (Ref. Z. Pflanzenkrkh. **25**, 205 [1915].) — **Ripper, M.:** Bericht über die Tätigkeit der k. u. k. landw.-chem. Versuchsstat. in Görz im Jahre 1914. Z. landw. Versuchswesen in Österreich **18**, 203—242 (1915). — **Ritzema-Bos, J.:** 1. Die von *Tylenchus devasta-trix* verursachte „Ananaskrankheit" der Gartennelke. Landw. Versuchsstat. **38**, 149—155 (1891). — 2. Zwei neue Nematodenkrankheiten der Erdbeerpflanzen. Z. Pflanzenkrkh. **1**, 1—16 (1891). — 3. Neue Nematodenkrankheiten bei Topf-pflanzen **3**, 69—82 (1893). — *4. Absterben der großblumigen *Clematis*. Möllers Dtsch. Gärtnerztg v. 10. Dez. (Ref. Z. Pflanzenkrkh. **7**, 121—122) (1896). — 5. Les nématodes parasites des plantes cultivées. VI. Congr. internat. d'Agric., Paris. In: C. r. **2**, 306 (1900). Holländisch: Tijdschr. Plantenziekt. **6**, 46—61 (1900). — 6. Drei bis jetzt unbekannte von *Tylenchus devastatrix* verursachte Pflanzen-krankheiten. Z. Pflanzenkrkh. **13**, 193 (1903). — 7. Weitere Bemerkungen über von *Tylenchus devastatrix* verursachte Pflanzenkrankheiten. Z. Pflanzenkrkh. **14**, 145—150 (1904). — 8. Bladaaltjes. Flugblatt Nr 3. Institut voor Phytopatho-logie, Wageningen **1913**. — 9. Ziekten en beschadigingen, veroorzaakt door Dieren. Meded. Rijks Hoogere Land-, Tuin- en Boschbouwschool, Wageningen **8**, 302 (1915). — 10. Ziekten en beschadigingen, veroorzakt door Dieren. Ebenda **11**, 213 (1917). — **Robinson, D. H.** a. **Jary, S. G.:** Agricultural Entomology. Duck-worth **1929**. — *Rorer, J. B.:* Diseases of the coconut palm. Circular No 4, Board of Agricult. of Trinidad a. Tobago **1911**, 27—33. (Ref. nach Nowell 4.) — **Rosella, Et.:** La rouille de l'Immortelle (Helichrysum orientale). Rev. path. rég. d'ent. agr. **16**, 153—155 (1929). — *Rozsypal, J.:* 1. Odumiráni listů chrysan-them následkem napadeni hád'atky rodu *Aphelenchus ritzemabosi* Schwartz. (Das Austrocknen von Chrysanthemumblättern, eine Folge des Befalls durch *Aphe-lenchus ritzemabosi* Schwartz.) Ochrana rostlin **5**, 94—96 (1925). (Tschechisch.)

(Ref. R. a. E. **14**, 108 [1926].) — 2. Die Älchenblattkrankheit der Chrysanthemen in Mähren 1925. Zbl. Bakter., Abt. II, **68**, 179—195 (1926). — **Rudloff, K. F.:** Älchenkrankheit bei Begonien. Möllers Dtsch. Gärtnerztg **38**, 20—21 (1923). — **Rusell, E. J.:** The partial sterilization of soils. J. Roy. Hort. Soc. **45,** 237 (1920). — *****Sandground, J.:** 1. The economic value of a study of nematodes, with remarks on the life history of *Heterodera* in South Africa. S. Afric. J. Sci. **17**, 322 —334 (1921). (Ref. R. a. E. **9**, 543 [1921].) — *2. A note on the occurrence of *Aphelenchus phyllophagus* in Chrysanthemums in the Transvaal, with suggestions for its control. Ebenda **19** (1922). (Ref. R. a. E. **11**, 355—356 [1923].) — **Sandhack, H. A.:** Zur Kultur der Chrysanthemum. Bekämpfung der Älchenkrankheit. Gartenwelt **29**, 123 (1925). — **Schaffnit, E.** u. **H. Weber:** Versuche zur Bekämpfung des Wurzelälchens (Heterodera radicicola). Anz. Schädlingskunde **5,** 17—20 (1929). — *****S(chenk), P. J.:** Plagen van Chrysanten. Floralia **47** (1926). (Ref. R. a. E. **15**, 64 [1927].) — **Schlechter, R.:** Die Orchideen. 2. Aufl., herausg. von E. Miethe. Berlin 1927. — **Schneider, A.:** Monographie der Nematoden. Berlin 1866. — **Schneider, W.:** Niederrheinische freilebende Nematoden. Zoolog. Anzeiger **56**, 264—281 (1923). — **Schøyen, T. H.:** Beretning om skadeinsektenes optreden og plantesygdommer i land- og havebruket **1903**, 3, 17—20. — 2. Beretning om skadeinsektenes optreden i land- og havebruket i arene 1926 og 1927. Oslo 1928. — **Schuurmans-Stekhoven jr., J. H.:** Over nemas en hun larven. IV. Tijdschr. Plantenziekten **35**, 73—95 (1929). — **Schwartz, M.:** 1. Die Älchenkrankheit der Farne, Orchideen, Begonien und Erdbeeren. Gartenflora **58**, 167—172 (1909). — 2. Die Aphelenchen der Veilchengallen und Blattflecken an Farnen und Chrysanthemum. Arb. Ksl. Biol. Anst. Land- u. Forstw. **8**, 303—334 (1911). — 3. Nematodenuntersuchungen. In: Bericht über die Tätigkeit der Ksl. Biol. Anst. usw. im Jahre 1911. Mitt. Ksl. Biol. Anst. Land- u. Forstw. H. 12, 5—6 (1912). — 4. Über die Bekämpfung der Älchenkrankheiten gärtnerischer Zierpflanzen. Handelsbl. f. d. Dtsch. Gartenbau **28**, 66—67 (1913). — **Simmonds, H. W.:** Pests and diseases of the coconut palm in the Islands of the Southern Pacific. Fiji Depart. of Agricult. Bull. 16. Suva **1925**, 1—31. — **Smith, K. M.:** Chrysanthemum-eelworm. J. Ministry Agricult. **33**, 57—60 (1926). — **Smith, W. G.:** 1. Disease of carnations. Gardeners Chronicle, n. s. **16** (2), 721 (1881). — 2. Disease of Odontoglots, caused by nematoid worms. Ebenda, n. s. **25** (1), 41 (1886). — 3. Disease of Begonias caused by nematoid worms. Ebenda **2,** 298 (1890). — *****Smolack, J.:** Zpráva o činností stanice pro choroby rostlin při st. vyšši škole ovocnicko-vinařské a zahradniké na Mělnice za rok 1923 a 1924. (Bericht über die Tätigkeit der Station für Pflanzenkrankheiten in Melnick 1923/24.) Ochrana rostlin 5, Nr 3, 41—46 (1925). (Ref. R. a. E. **13**, 542 [1925].) — **Snyder, E. Thomas** a. **J. Zetek:** Damages by termites in the canal zone and Panama and how to prevent it. U. S. Depart. of Agricult., Bull. No 1232. Washington 1924. — **Sorauer, P.:** 1. Die Wurmkrankheit bei Veilchen und *Eucharis*. Dtsch. Gartenztg **1**, 533—535 (1886). — 2. Die Älchenkrankheit bei *Chrysanthemum indicum*. Gartenflora **50**, 35—36 (1901). — **Sorauer-Reh:** Handbuch der Pflanzenkrankheiten **4**, 1. Teil: Tierische Schädlinge an Nutzpflanzen. 4. Aufl. Berlin 1925. — *****Staniland, L. N.:** Some observations on strawberry eelworm. Ann. Rep. Agricult. a. Hort. Res. Stat. Long Ashton 1925. **1926**, 61—65. (Ref. R. a. E. **14**, 463 [1926].) — **Stauffer, H.:** 1. Die Nematoden als Pflanzenschädlinge. Mitt. Naturforsch. Ges. Bern a. d. J. 1919. **1920**, 55—56. — 2. Die Lokomotion der Nematoden. Beiträge zur Kausalmorphologie der Fadenwürmer. Zool. Jb., Syst. **49**, 1—118 (1925). — **Steiner, G.:** 1. Freilebende Nematoden aus der Schweiz. 1. u. 2. Teil einer vorl. Mitt. Arch. f. Hydrobiol. u. Planktonkde **9**, 259—276, 420—438 (1914). — 2. Freilebende Nematoden von Nowaja Semlja. Zool. Anz. **47**, 50—74 (1916). — 3. Untersuchungen über den allgemeinen Bauplan des Nematodenkörpers. Zool. Jb., Abt. Anat. **43,** 1—96 (1921). — 4. On some plant parasitic nemas and related forms. J. Agricult. Res. **28,** 1059—1066 (1924). — 5. The problem of host selection and host specialisation of certain plant infesting nemas and its application in the study of nemic pests. Phytopathology **15,** 499—534 (1925). — 6. Some nemas from the alimentary tract of the Carolina tree frog (*Hyla carolinensis* Pennant). With a discussion of some general problems of nematology. J. of Parasitol. **11,** 1—32 (1925). — 7. Parasitic nemas on peanuts in South Africa. Zbl. Bakter., Abt. II, **67,** 351—365 (1926). — 8. Helminthological Society of Washington. J. of Parasitol. **14,** 54—72 (1927). — 9. *Tylenchus pratensis* and various other nemas attacking plants. J. Agricult. Res. **35,** 961—981 (1927). — **Steiner, G. a. Heinly, H.:** The possibility of control of *Heterodera radicicola* and other plant injurious nemas by means of predatory nematodes esp. *Mononchus papillatus* Bastian. J. Washington Acad. Sci. **12,** Nr 16 (1922). — **Stewart, F. H.:** The anatomy and biology of the parasitic Aphelenchi. Parasitology **13,** 160—179 (1921). — **Stiles, C. W. a. A. Hassall:** The determination of generic types. U. S. Depart. of Agricult., Bureau of Animal Industry, Bull. No 79, 1—150 (1905). — ***Stockdale, F. A.:** 1. Coconut palm disease. Proc. Agricult. Soc. Trinidad **7,** 9—31 (1906). — 2. Fungus diseases of coconuts in the West-Indies. West Indian Bull. **9,** 361—371 (1911). — **Stralka:** Älchen an Chrysanthemen. Kleintierzucht u. Gartenbau **53,** 631 (1928). — **Sturgis, W. C.:** A disease caused by nematodes. Ann. Rep. Conn. Agricult. Exper. Stat. for 1892. **1893,** 45—49.

Taylor, A. M.: Black current eelworm. J. Agricult. Sci. **8,** 246—275 (1917). — **Theobald, F. V.:** *1. Nematodes attacking ornamental plants. Journ. South-East. Agr. Coll. Wye **1913,** 286—291. (Ref. Exp. Stat. Record **34,** 249 [1916].) — *2. Report on economic Entomology. Ebenda **1914.** (Ref. R. a. E. **2,** 563 [1914].) — **Thorne, G.:** The life history, habits, and economic importance of some mononchs. J. Agricult. Res. **34,** 265—286 (1927). — ***Trabut:** Le figuier. Ennemies et maladies du figuier. Bull. agricult. Algérie-Tunisie-Maroc. **29,** 117 —124 (1923). (Ref. R. a. E. **11,** 463—464 [1923].) — ***Tullgren, A.:** Jordgubbarnes och sumltronens fiender bland de lägre djuren (Insektenfeinde der Erdbeere). Trädgarden, Stockholm **14** (1915). (Ref. R. a. E. **3,** 695 [1915].)

***Vassiliev, E. M.:** Die hauptsächlichsten Krankheiten und Schädigungen der Chrysanthemen. (Russisch.) (Ref. R. a. E. **2,** 424 [1914].)

Weber, H.: 1. Die Älchenkrankheit der Chrysanthemen und ihr Übergang auf *Dahlia*. Blumen- u. Pflanzenbau **46,** 398—399 (1926). — 2. Eine Blattflecken-krankheit der Dahlie, verursacht durch *Aphelenchus ritzemabosi* Schwartz. Forschungen auf dem Gebiet der Pflanzenkrankheiten u. der Immunität im Pflanzenreich H. 3 (1927). — **Wülker, G.:** Nematodes. In: **Schulze, P.:** Biologie der Tiere Deutschlands. Berlin 1924.

Zetek, J.: La enfermedad „Circulo rojo" de las Palmas de Coco. Rev. La Salle, Panama **6,** 463—466 (1922). (Ref. R. a. E. **10,** 581 [1922].) — **Zimmermann, A.:** 1. De Nematoden der Koffiewortels. Meded. Land Plantentuin **27,** 1—64 (1898). — 2. Über einige durch Tiere verursachte Blattflecken. Ann. Jard. Bot. Buitenzorg **17,** 102—125 (1901).

Ohne Verfasserangabe: 1. Maanedlige Oversigter over Sygdomme hos Landbrugets Kulturplanter. Lyngby 1907—29. — 2. Rep. of the prevalence of some pests and diseases in the West Indies during 1918, 1919. West Indian Bull. **18,** 34—60 (49); **19,** 18—37 (32) (1921 u. 22). (Betr. *A. cocophilus.*) — *3. Pests and diseases. Rep. Grenada Agricult. Depart. for 1920, Barbados **1921,** 9—10. (Ref. R. a. E. **9,** 504 [1921].) (Betr. *A. cocophilus.*) — 4. Departmental activities: Entomology. J. Depart. Agricult., Union South Africa **4,** 400 (1922). (Betr. *A. ritzemabosi.*) — 5. Experiments on red ring disease of the coconut in Grenada.

Agricult. News **21**, 94—95 (1922). (Betr. *A. cocophilus*.) — *6. Work connected with insect and fungus pests and their control. Rep. Agricult. Depart. St. Vincent (1923) **1924**, 23—29. (Ref. R. a. E. **13**, 22 [1925].) (Betr. *A. cocophilus*.) — *7. Insect pests and plant diseases. Rep. Agricult. Depart. Grenada for 1923, **1924**, 3. (Ref. R. a. E. **12**, 527 [1924].) (Betr. *A. cocophilus*.) — 8. The Plant Disease Reporter **10**, 21—22 (1926). (Betr. *A. subtenuis*.) — *9. Report on advisory work 1925—26. Economic Entomology. Ann. Rep. Agricult. a. Hort. Res. Stat. Long Ashton **1926**. (Ref. R. a. E. **15**, 615 [1927].) (Betr. *A. fragariae*.) — *10. Strawberry investigations (Progr. Report). Ann. Rep. Agricult. a. Hort. Res. Stat. Long Ashton for 1927, **1928**, 58—71. (Ref. Rev. appl. Mycology **7**, 650 [1928].) (Betr. *A. fragariae*.) — 11. Disease of forest and shade trees, ornamental and miscellaneous plants in the U. S. in 1926. The Plant Disease Reporter, Suppl. **55**, 373 (1927). (Betr. *A. subtenuis*.) — 12. Dasselbe für 1927. Ebenda, Suppl. **65**, 426, (1928). (Betr. *A. subtenuis*.)

Erklärung der nebenstehenden Tafel.

1. Durch *A. fragariae* geschädigte Erdbeerpflanze.
2. Durch *A. ritzemabosi* geschädigtes Blatt von Chrysanthemum (Anfangsstadium).
3. Durch *A. ritzemabosi* geschädigtes Blatt von Chrysanthemum (vorgeschrittenes Stadium).
4. Durch *A. ritzemabosi* geschädigte Knospe von Chrysanthemum.
5. Dieselbe Knospe im Längsschnitt.
6. Durch *A. ritzemabosi* geschädigtes Blatt von Dahlie (Anfangsstadium).
7. Durch *A. ritzemabosi* geschädigtes Blatt von Dahlie (vorgeschrittenes Stadium).
8. Durch Infektion mit *A. ritzemabosi* hervorgerufene Erkrankung eines Lorraine-Begonienblattes.

Sämtliche Abbildungen wurden von der wissenschaftlichen Zeichnerin an der Biologischen Reichsanstalt Fräulein H. ASTHEIMER gezeichnet. Die Verkleinerung beträgt ½ der natürlichen Größe.

Goffart, Aphelenchen.

Verlag von Julius Springer in Berlin.

Verlag von Julius Springer / Berlin

Biologische Studienbücher

Herausgegeben von
Prof. Dr. Walther Schoenichen
Berlin

Bisher erschienen:

Band I: **Praktische Übungen zur Vererbungslehre.** Für Studierende, Ärzte und Lehrer. In Anlehnung an den Lehrplan des Erbkundlichen Seminars von Prof. Dr. **Heinrich Poll.** Von Dr. **Günther Just,** Kaiser Wilhelm-Institut für Biologie in Berlin-Dahlem. Mit 37 Abbildungen im Text. 88 Seiten. 1923.　　RM 3.50

Band II: **Biologie der Blütenpflanzen.** Eine Einführung an der Hand mikroskopischer Übungen. Von Prof. Dr. **Walther Schoenichen.** Mit 306 Originalabbildungen. 216 Seiten. 1924.　　RM 6.60; gebunden RM 8.—

Band III: **Biologie der Schmetterlinge.** Von Dr. **Martin Hering,** Vorsteher der Lepidopteren-Abteilung am Zoologischen Museum der Universität Berlin. Mit 82 Textabbildungen und 13 Tafeln. VI, 480 Seiten. 1926.　　RM 18.—; gebunden RM 19.50

Band IV: **Kleines Praktikum der Vegetationskunde.** Von Dr. **Friedrich Markgraf,** Assistent am Botanischen Museum Berlin-Dahlem. Mit 31 Abbildungen. VI, 64 Seiten. 1926.　　RM 4.20; gebunden RM 5.40

Band V: **Biologie der Hymenopteren.** Eine Naturgeschichte der Hautflügler. Von Dr. **H. Bischoff,** Kustos am Zoologischen Museum der Universität Berlin. Mit 224 Abbildungen. VII, 598 Seiten. 1927.
RM 27.—; gebunden RM 28.20

Band VI: **Biologie der Früchte und Samen (Karpobiologie).** Von Prof. Dr. **E. Ulbrich,** Kustos am Botanischen Museum der Universität Berlin-Dahlem. Mit 51 Abbildungen. VIII, 230 Seiten. 1928.
RM 12.—; gebunden RM 13.20

Band VII: **Pflanzensoziologie.** Grundzüge der Vegetationskunde. Von Dozent Dr. **J. Braun-Blanquet,** Montpellier. Mit 168 Abbildungen. X, 330 Seiten. 1928.　　RM 18.—; gebunden RM 19.40

Band VIII: **Paläontologisches Praktikum.** Eine Anleitung für Sammler. Von Dr. phil. **O. Seitz,** Bezirksgeologe, und Prof. Dr. phil. **W. Gothan,** Kustos, beide an der Preußischen Geologischen Landesanstalt Berlin. Mit 48 Abbildungen. IV, 173 Seiten. 1928. RM 9.60; gebunden RM 10.80

Band IX: **Einführung in die Biologie der Süßwasserseen.** Von Dr. **Friedrich Lenz.** Hydrobiologische Anstalt der Kaiser Wilhelm-Gesellschaft in Plön (Holstein). Mit 104 Abbildungen. VIII, 221 Seiten. 1928.
RM 12.80; gebunden RM 14.—

Grundriß der theoretischen Bakteriologie. Von Dr.
phil. **Traugott Baumgärtel,** Privatdozent für Bakteriologie an der Technischen Hochschule München. Mit 3 Abbildungen. XXXVIII, 259 Seiten. 1924.　　RM 9.60

Technik und Methodik der Bakteriologie und Serologie. Von Obermedizinalrat Professor Dr. **M. Klimmer,** Direktor
des Hygienischen Instituts der Tierärztlichen Hochschule Dresden. Mit 223 Abbildungen. XI, 520 Seiten. 1923.　　RM 14.—

Mikrobiologisches Praktikum. Von Professor Dr. **Alfred Koch,**
Direktor des Landwirtschaftlich-Bakteriologischen Instituts der Universität Göttingen. Mit 4 Textabbildungen. VIII, 110 Seiten. 1922.　　RM 3.50